超圖解 粵港澳 大灣區 小百科

新雅文化事業有限公司
www.sunya.com.hk

超圖解粵港澳大灣區小百科

作者：新雅編輯室

責任編輯：潘曉華

美術設計：徐嘉裕

出版：新雅文化事業有限公司

香港英皇道499號北角工業大廈18樓

電話：(852) 2138 7998

傳真：(852) 2597 4003

網址：http://www.sunya.com.hk

電郵：marketing@sunya.com.hk

發行：香港聯合書刊物流有限公司

香港荃灣德士古道220-248號荃灣工業中心16樓

電話：(852) 2150 2100

傳真：(852) 2407 3062

電郵：info@suplogistics.com.hk

印刷：中華商務彩色印刷有限公司

香港新界大埔汀麗路36號

版次：二〇二四年七月初版

讓我們雙向奔赴，共建共享大灣區

說起香港的歷史，很多人會從 1841 年香港「開埠」（成為英國殖民統治的一部分）說起。事實上，「香港」這個名字的出現，已有幾百年。明萬曆元年（1573 年），出於海防需要，新安縣成立，地理範圍大約就是今日香港與深圳。就在萬曆年間（1573-1619 年），郭棐所著《粵大記》一書中，第一次提到了「香港」這個名字。自此，香港一直隸屬於新安縣，一直到 1841 年。

可見，數百年來，香港與相鄰的廣東省境內的區域一直有緊密聯繫。2019 年，國家正式將這個區域內包括港澳在內的 11 座城市，命名為「粵港澳大灣區」。時至今日，大灣區已成為一個充滿活力的世界級城市羣。2022 年，大灣區的國內生產總值相當於全球第十大經濟體，與意大利、加拿大接近。

隨着大灣區基礎設施「硬聯通」和制度規則「軟聯通」的不斷推進，大灣區「一小時生活圈」日漸成型。這讓生活在香港或大灣區其他城市的小朋友們，可以快速、輕鬆抵達大灣區各城市，在當地享受美食和參與節慶活動的時候，體驗到祖國豐富多樣的文化；觀賞美景的時候，認識到祖國許多獨特的自然地貌與蘊含精彩歷史故事的文化景觀；進行學校交流、認識新朋友的時候，了解到縱使生活在不同城市，但我們的根源是相同的。這樣的「北上南下」、「雙向奔赴」，能夠加深小朋友們對粵港澳大灣區 11 座城市的了解和熟悉感，日後可以作出更多的生活選擇和更廣闊的發展空間。

新雅文化事業有限公司精心編寫的這本《超圖解粵港澳大灣區小百科》，是我們認識大灣區、了解這 11 座城市各自特色的絕佳讀物。還沒去過大灣區其他城市的小朋友，趕快參考這本書，把行程計劃起來吧！

洪雯博士
香港立法會議員

一起探索大灣區，發現更廣闊的天地

什麼是「粵港澳大灣區」？大灣區包括哪些城市？建立大灣區的意義是什麼？或許有的小朋友知道，有的小朋友不知道，又或許知道的不是全部。不過，不要緊，讓我們一起來翻開這本《超圖解粵港澳大灣區小百科》吧！你知道的或者不知道的，都可以在裏面看到。

你彷彿走進了一座知識寶庫，豐富多采的圖片、生動有趣的文字，讓你充分了解什麼是「粵港澳大灣區七大發展範疇」，以及大灣區 11 座城市的文化與經濟特色。

你就像到這些城市走了一趟，見識了那裏的經濟發展，看到了那裏的城市建設，欣賞了那裏的藝術文化，探索了那裏的歷史古蹟、如畫風光……而更重要的是明白了香港和中國內地的密切關係，預見了更美好的未來。

粵港澳大灣區是中國開放程度最高、經濟活力最強的區域之一。而香港作為大灣區裏高度開放和國際化的城市，必然成為大灣區建設中的重要角色，擁有更多的合作發展機會。

作為一名作家，因為要不斷補充知識量，不斷擴闊自己的視野，所以我平時也對內地投入了頗多的關注，深感內地這些年來的變化和發展迅猛。

說起來，我自己也是因為香港和中國內地關係日益密切，作品有了更多發展機會。新雅文化事業有限公司和內地出版社合作，在內地推出簡體版的《公主傳奇》系列，小說的銷量和傳播也因此進入了更廣闊的天地。

小朋友，看完這本書，你也算是一個「大灣區小博士」了，有機會可以在家裏跟爸爸媽媽交流交流，準保讓他們大吃一驚：天哪，怎麼孩子比我們懂得還多！

馬翠蘿
香港兒童文學作家

給所有對「粵港澳大灣區」感到好奇的小朋友

小朋友，考考你們：近年我們常說的「粵港澳大灣區」，它包括了哪些城市呢？

早些年的時候，可能大部分人也答不上來，但隨着關於它的報道和介紹越來越多，我們都開始有了概念，有的還能馬上說出它包含的 9 市 2 區，共 11 座城市的名字呢。它們分別是：廣州、深圳、珠海、佛山、惠州、東莞、中山、江門、肇慶、香港特別行政區、澳門特別行政區。對於這些城市，你有多少認識呢？

生於香港、長於香港的我們，對澳門、深圳、廣州等鄰近香港的地方，感覺自然比較熟悉。然而，每座城市都在快速發展中，我們自以為熟悉的地方，在不經不覺間已有了許多轉變，變得更新、更美、更朝氣勃勃。那麼，就讓我們從香港出發，與大家一起認識什麼是「粵港澳大灣區」，並探索包括香港在內的 11 座城市吧！

《超圖解粵港澳大灣區小百科》不但捕捉了每座城市的亮點，將它們精彩多姿的面貌呈現出來，而且內容緊貼「粵港澳大灣區七大發展範疇」，涵蓋經濟、交通、生態、粵港澳合作平台等；另外，還有建築、歷史名人、藝術文化等多元內容。透過我們精選的超過 200 幅照片，從趣味解說中，帶領大家認識香港與中國內地密切的經濟關係、粵港澳大灣區的發展優勢，以及香港在當中發揮的角色，從而開闊視野，思考未來的發展機遇。

這本書匯聚了「粵港澳大灣區」11 座城市的文化與經濟特色，但事實上，這些城市的獨特面貌與豐富內容又豈止於此？現在的交通網絡如蜘蛛網般越織越密，方便大家隨時去走走看看，從更多不同角度去認識它們呢。

新雅編輯室

目錄

小朋友，你可以叫我戴 sir，因為讀書、工作、旅遊的關係，我經常在粵港澳大灣區遊走。今次我會帶同我的表弟表妹，還有我的小貓暢遊灣區，歡迎大家也來參加。

大家好，我是彎彎，是香港小四生，今次跟表哥出發遊灣區。

我叫小駒，是香港小五生，很高興跟大家一起遊灣區啊！

第 1 站

中外文化交匯點 香港　14

第 2 站

結合中葡特色的 澳門　24

什麼是「粵港澳大灣區」?

近年我們常說的「大灣區」，所指的是位處珠江三角洲的「粵港澳大灣區」，當中包括 11 座城市：

9市　廣州　佛山　中山　深圳　惠州　江門　珠海　東莞　肇慶

+

2區　香港特別行政區　澳門特別行政區

=　總面積約 56,000 平方公里 佔廣東省總面積約 30%

在這張大地圖上，你不但看到粵港澳大灣區 11 座城市的地理位置和面積，還有人口和本地生產總值。你有什麼發現呢？

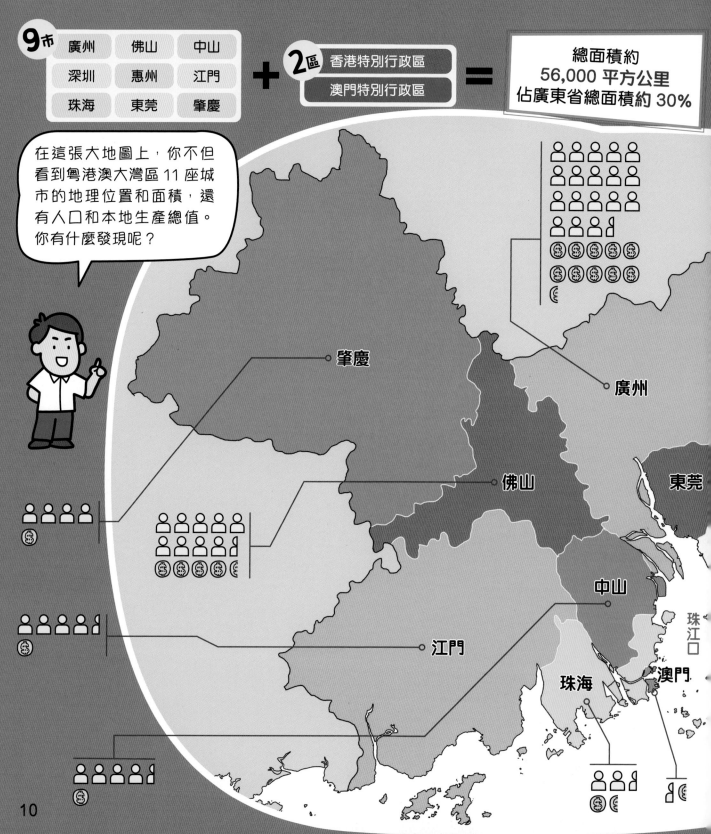

肇慶

廣州

佛山

東莞

中山

江門

珠海

澳門

珠江口

建設粵港澳大灣區的目的，就是建設一個世界級經濟圈。全球還有三大灣區，其中兩個在北美洲，分別是有「金融灣區」之稱的「紐約灣區」，以及矽谷所在地，以科技產業為主的「三藩市灣區」。另一個則在亞洲，以工業為主的「東京灣區」。

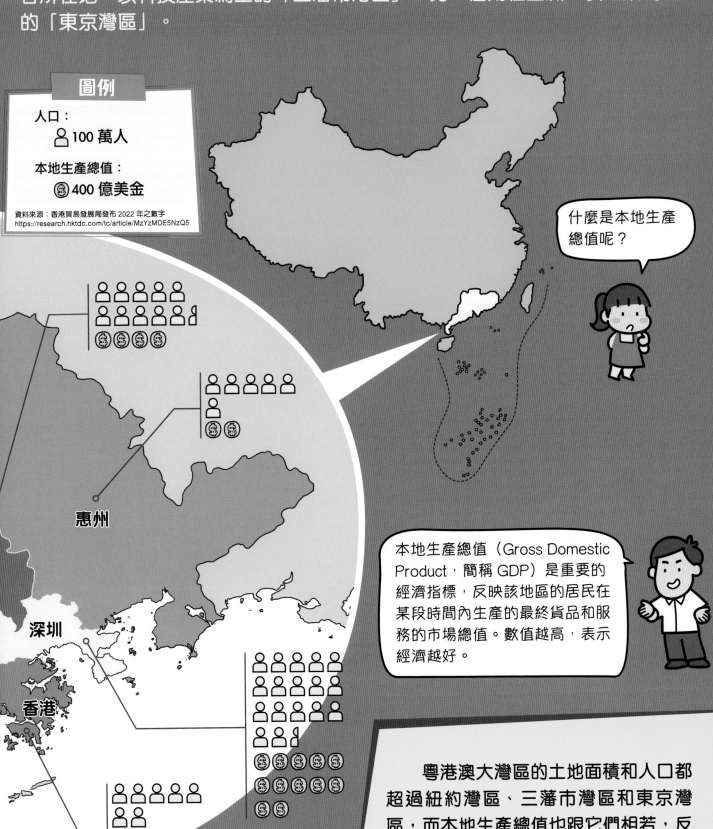

圖例

人口：
👤 100 萬人

本地生產總值：
💲 400 億美金

資料來源：香港貿易發展局發布 2022 年之數字
https://research.hktdc.com/tc/article/MzYzMDE5NzQ5

惠州

深圳

香港

什麼是本地生產總值呢？

本地生產總值（Gross Domestic Product，簡稱 GDP）是重要的經濟指標，反映該地區的居民在某段時間內生產的最終貨品和服務的市場總值。數值越高，表示經濟越好。

粵港澳大灣區的土地面積和人口都超過紐約灣區、三藩市灣區和東京灣區，而本地生產總值也跟它們相若，反映粵港澳大灣區有巨大的發展潛力！

11

從 4 個 中心城市開始

　　看過前面的數字，相信你已經體會到「團結就是力量」了！粵港澳大灣區內 11 座城市發揮所長，加強合作，就可以促進區內的人流、物流、資金流、信息流暢通流動。我們都期待着，粵港澳大灣區不但成為世界級經濟區，更是適宜大家居住、有大量創業和就業機會、可以體驗愉快旅遊的優質生活圈！

訂立的目標很高，可以如何實現？

我們可以一步一步實現。首先，**從 4 個中心城市開始，發動核心引擎力量。**

廣東省省會，實力雄厚。

廣州

深圳

前海深港青年夢工場
QIANHAI SHENZHEN-HONGKONG YOUTH INNOVATION AND ENTREPRENEUR HUB

全球經濟最活躍城市之一。

發揮「一國兩制」優勢，擔當中國與世界溝通合作的橋樑。

澳門

香港

作為**重要節點城市的珠海、佛山、惠州、東莞、中山、江門、肇慶**，則要發揮自身優勢，並與中心城市加強合作，共同創建更美好的生活環境！

粵港澳大灣區 **7大** 發展範疇

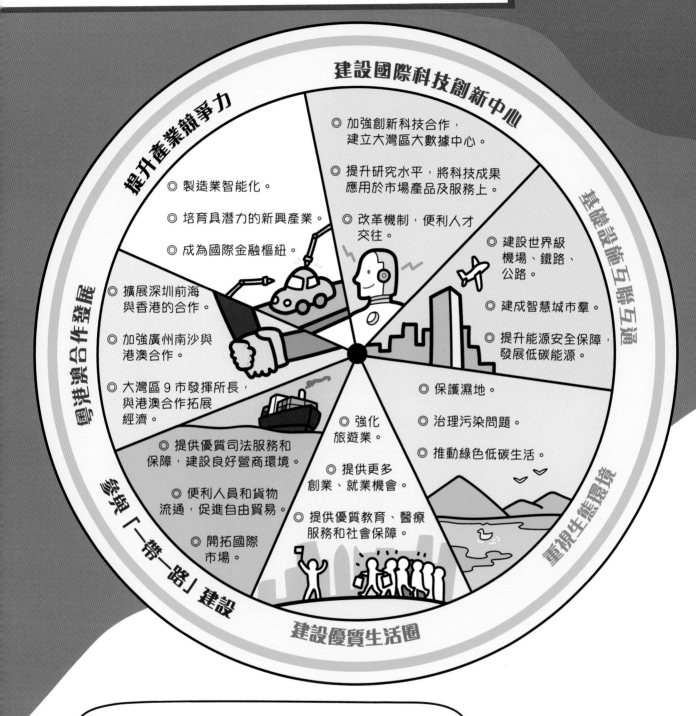

建設國際科技創新中心
◎ 加強創新科技合作，建立大灣區大數據中心。
◎ 提升研究水平，將科技成果應用於市場產品及服務上。
◎ 改革機制，便利人才交往。

提升產業競爭力
◎ 製造業智能化。
◎ 培育具潛力的新興產業。
◎ 成為國際金融樞紐。

基礎設施互聯互通
◎ 建設世界級機場、鐵路、公路。
◎ 建成智慧城市羣。
◎ 提升能源安全保障，發展低碳能源。

粵港澳合作發展
◎ 擴展深圳前海與香港的合作。
◎ 加強廣州南沙與港澳合作。
◎ 大灣區9市發揮所長，與港澳合作拓展經濟。

參與「一帶一路」建設
◎ 提供優質司法服務和保障，建設良好營商環境。
◎ 便利人員和貨物流通，促進自由貿易。
◎ 開拓國際市場。

重視生態環境
◎ 保護濕地。
◎ 治理污染問題。
◎ 推動綠色低碳生活。

建設優質生活圈
◎ 強化旅遊業。
◎ 提供更多創業、就業機會。
◎ 提供優質教育、醫療服務和社會保障。

「一帶一路」是指陸上的「絲綢之路經濟帶」和海上的「21世紀海上絲綢之路」，覆蓋亞洲、歐洲和非洲多個國家和地區，目的是促進合作，擴展商機和加強文化交流。請掃描右面二維碼了解更多吧！

在規劃的藍圖裏，以香港、澳門、廣州、深圳作為中心城市，先帶動鄰近地區的經濟，繼而輻射出去，使國家發展更繁榮、人民生活更富足。

接下來，我們要走進粵港澳大灣區了，你準備好了嗎？

第1站
中外文化交匯點香港

香港地理位置優越，背靠中國內地，面向國際。曾受英國殖民統治的香港，在 1997 年回歸祖國後，仍然保留高度開放的經濟體系、豐富多元的文化，並且加強發揮聯通中外的優勢。小朋友，這樣獨特的環境，有助培養你什麼能力呢？

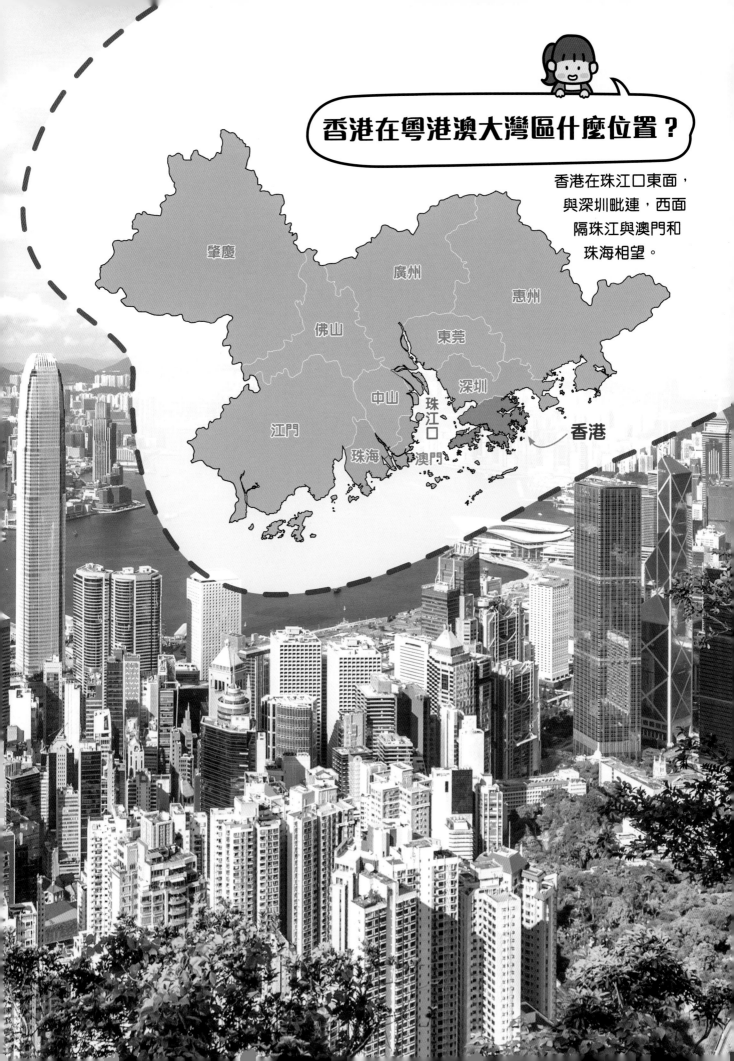

香港在粵港澳大灣區什麼位置？

香港在珠江口東面，與深圳毗連，西面隔珠江與澳門和珠海相望。

肇慶

廣州

惠州

佛山

東莞

中山

深圳

珠江口

江門

珠海

澳門

香港

香港特別行政區

區旗：

區徽：

區旗和區徽上的花：

洋紫荊

香港 **18** 區，區區有特色！

土地面積：1,114.57 平方公里　　人口：7,503,100 人　　貨幣：港元

資料來源：香港地政總署截至 2023 年 10 月之數字及香港政府統計處 2023 年年底臨時人口之數字

現代鬧市元朗大馬路與傳統屏山文物徑，共冶一爐。

展示香港生物多樣的香港濕地公園也在這裏！

香港第一代新市鎮，有「天橋之城」之稱。

設有香港第一個自給自足的污泥廠，將廢物轉化為能源，並歡迎遊客參觀。

葵青貨櫃碼頭是香港物流重地。曾是全球跨度最長的行車及鐵路懸索吊橋青馬大橋也在此。

位於離島區的大嶼山是香港最大島嶼。大嶼山有世界第二大戶外青銅坐佛天壇大佛，以及建築獨特的大澳棚屋！

大澳有「東方威尼斯」之稱呢！

元朗區

屯門區

荃灣區

葵青

離島區

與深圳接壤。這裏有歷史悠久的村落和美麗的郊野風光。

歡迎來臨最新成立的紅花嶺郊野公園！

1968 年建成的船灣淡水湖，是全球第一個在海中興建的水庫，也是香港面積最大的水塘！

既有亞洲頂級賽馬場地，也有香港最美岩石「望夫石」。

還有代表香港人拼勁精神的獅子山！

北區

大埔區

沙田區

黃大仙區

西貢區

深水埗區

九龍城區

觀塘區

油尖旺區

中西區

灣仔區

東區

南區

從海岸公園到香港地質公園，不愧為「香港後花園」。

香港三大區域

香港島

中西區：政府總部和國際金融中心所在地。
灣仔區：香港重要的商業和展覽中心。
東　區：重要商業區。電車的始發和終點站。
南　區：有支援科技企業發展的數碼港。

九龍

油尖旺區：九龍的商業和旅遊中心。
深水埗區：傳統平民區和文青小店聚集地。
九龍城區：正在推進重點項目啟德發展計劃。
黃大仙區：因區內的黃大仙祠而得名。
觀　塘　區：從工業區逐漸發展為商貿區。

新界

上圖延伸標示的地區。

活力亞洲國際都會

香港因為獨特的地理位置與歷史背景，發展成為國際都會。未來它將如何發揮所長，在世界保持獨一無二的經濟與文化地位呢？

經濟

著名的金融中心

香港擁有健全的金融管理制度和多元化的環球投資產品，能夠滿足客戶的不同需要，並提供安心保障。未來除了鞏固和提升香港的國際金融、航運、貿易地位外，也會建設亞太區國際法律及爭議解決服務中心呢！

香港著名的金融地標——前面是國際金融中心一期，左面是二期。

國際金融中心二期曾是香港最高的大樓，高 412 米。現在全港最高的大樓是環球貿易廣場，高 484 米。

先進的創新科技基地

香港科學園	香港數碼港

將在北部都會區建設
新田科技城
（包括落馬洲河套區
港深創新及科技園）

匯聚香港和中國內地的人才與技術，將科研成果應用到商品上，使商品在國際市場上更具競爭力！

從前，香港在英國殖民統治下，與中國內地的制度不同。現在香港回歸祖國了，會有變化嗎？

根據《香港基本法》，中央對香港實行「一國兩制」，保留香港原有制度，並授權香港繼續使用本身貨幣和實行低稅率，以及自由貿易政策。所以，香港是中國的「特別行政區」呢。

《香港基本法》對香港的政治、經濟、民生等都非常重要。請掃描下面二維碼了解詳情吧。

世界知名的高等學府

香港的高等學府吸引不少非本地學生前來就讀啊！他們和來訪的親友消費，有助推動香港經濟。另一方面，香港的大學也在粵港澳大灣區開設分校，例如珠海建有香港浸會大學聯合國際學院、深圳有香港中文大學（深圳）、廣州有香港科技大學（廣州）。至於香港大學、香港城市大學、香港理工大學、香港都會大學等，亦分別計劃於深圳、東莞、佛山、肇慶等設校。

香港大學是香港歷史最悠久的大學。

香港故宮文化博物館

戲曲中心

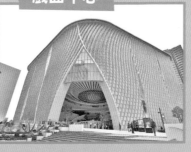

中外文化藝術交流中心

左圖的藝術展覽場地都是位於維多利亞港兩岸的西九文化區和尖沙咀海旁，它們是國際藝術交流地，向全球弘揚中國傳統文化，也將世界多元藝術文化帶來香港。每個場地的展覽活動都各具特色，吸引旅客前來觀賞呢。

香港藝術館

M ＋（當代視覺文化博物館）

🚗 交通

港珠澳大橋是全球最長橋隧組合跨海通道,它大幅縮短了人們來往香港、珠海、澳門的時間,形成「一小時生活圈」!而「港車北上」和即將推行的「粵車南下」計劃,私家車可自駕駛經港珠澳大橋,對促進商旅活動大有幫助。

隨着香港國際機場第三跑道啟用,使運力提升外,集辦公、酒店、商場於一身的「航天城」亦在興建中,使香港國際機場從「城市機場」轉變為「機場城市」。機場不再只是旅客出入境的地方,更是商業地標和度假區,將帶來更多經濟效益呢。

旅客在香港西九龍站乘坐廣深港高速鐵路,往返香港和深圳的車程最短只需 14 分鐘!列車亦可直達中國內地超過 70 個城市,便利各地旅客來港。

這是從香港出發,來到深圳福田站的高鐵列車。

啟德郵輪碼頭能同時容納 2 艘超級郵輪,每艘郵輪可搭載約 5,000 人,他們下船後的消費可以為香港帶來豐厚的收益。他們還可遊覽鄰近的廣州、深圳、澳門等城市呢。

香港的建築、飲食、節慶,都很能體現它融會中外文化的特色!

聖馬利亞堂的紅牆綠瓦仿似中國宮殿,而外牆上有一個十字架,是一座糅合中西設計的基督教教堂。

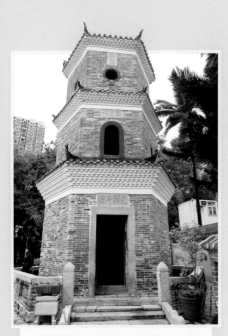

聚星樓位於元朗屏山文物徑。這裏是新界鄧族的聚居地之一,沿途有許多中式建築。

具有西方古典風格的前九廣鐵路鐘樓。

茶餐廳是香港飲食文化代表之一，其中，奶茶更是「鎮店之飲」！它是由英式奶茶演變而成的。

環球美食應有盡有！

盆菜不但是香港新界圍村的傳統菜式，在深圳、東莞也有這種特色美食。

節慶

聖誕節（十二月二十五日）是西方節日，也是香港的重要節日之一，到處都有漂亮的聖誕裝飾呢。

農曆新年（正月初一至十五）是中國最重要的傳統節日之一。香港的賀年習俗有逛花市、舞龍舞獅、拋寶牒等，十分熱鬧！

長洲太平清醮（農曆四月初八）是香港的特色節日，搶包山、飄色巡遊的節目，吸引了世界各地的遊客到來觀賞。

不可不知 的 香港事

歷史名人

高錕
（1933 - 2018）

電機工程專家，
「光纖之父」。曾任香港
中文大學校長。因在光學
通信領域取得突破性成就
而獲諾貝爾物理學獎。

李小龍
（1940 - 1973）

國際武打巨星。
他在香港演出的電影
《唐山大兄》、《精武門》、
《猛龍過江》、《龍爭虎鬥》
及《死亡遊戲》，使世界
認識到香港的武打電影
和我國武術。

自然資源

香港地質公園

可以觀賞一億多年前，超級
火山爆發時形成的世界級地
質奇貌。

維多利亞港

天然的深水港供大型貨船航行，
香港才能成為優良的轉口港。

非物質
文化遺產

大坑舞火龍

農曆八月十四至十六日晚
上，數百名健兒舞動火龍穿
梭大坑，祈求合境平安。

黃大仙信俗

嗇色園黃大仙祠將宗教與慈
善結合，體現「普濟勸善，
有求必應」的精神。

23

第 2 站
結合中葡特色的 澳門

　　澳門的面積比香港還要小，但名氣一點也不小。曾受葡萄牙殖民統治的澳門，於 1999 年回歸祖國後，依然實行自由貿易政策，貨物和資金可以自由流動；加上與葡語國家有緊密的聯繫，使澳門成為獨特的中葡文化國際都會。小朋友，認識不同地方的歷史文化，對你將來的發展有什麼幫助呢？

澳門在粵港澳大灣區什麼位置？

澳門在珠江口西面，
北接珠海，東與香
港隔珠江相望。

肇慶

廣州

惠州

佛山

東莞

中山

深圳

珠江口

江門

香港

珠海

澳門

澳門特別行政區

區旗：

區徽：

區旗和區徽上的花：

蓮花

土地面積：33.3 平方公里　　人口：686,400 人　　貨幣：澳門元

資料來源：澳門地圖繪製暨地籍局截至 2024 年 3 月之數字及澳門政府統計暨普查局 2024 年第一季之數字

澳門共有 **7** 個堂區。「堂區」是澳門行政區劃單位，沿襲葡萄牙人以當區主要的天主教教堂名字而來。

澳門三大區域

澳門半島

花地瑪堂區：珠澳跨境工業區澳門園區所在地。
花王堂區：主要是商業區和住宅區。
望德堂區：文化創意產業的重要發展地。
風順堂區：澳門的政治中心、高尚住宅區。
大堂區：高消費的娛樂產業都在這裏。

氹仔島

嘉模堂區：有旅客至愛的「打卡」景點——龍環葡韻等葡萄牙式小區風貌，以及著名「手信街」官也街。

路環島

聖方濟各堂區：休閒度假勝地。

又稱聖安多尼堂區。昔日建有大炮台，那裏曾是軍事禁區呢。

還有遊客必到的大三巴牌坊！

又名聖老楞佐堂區。這裏著名的媽祖閣已有數百年歷史了。

原本是小島的路環，經過不斷填海，已不再是個獨立島嶼了。但它獨特的自然風光，例如黑沙海灘，仍是很多本地人和旅客的至愛。

這裏的小型賽車場也很受歡迎！

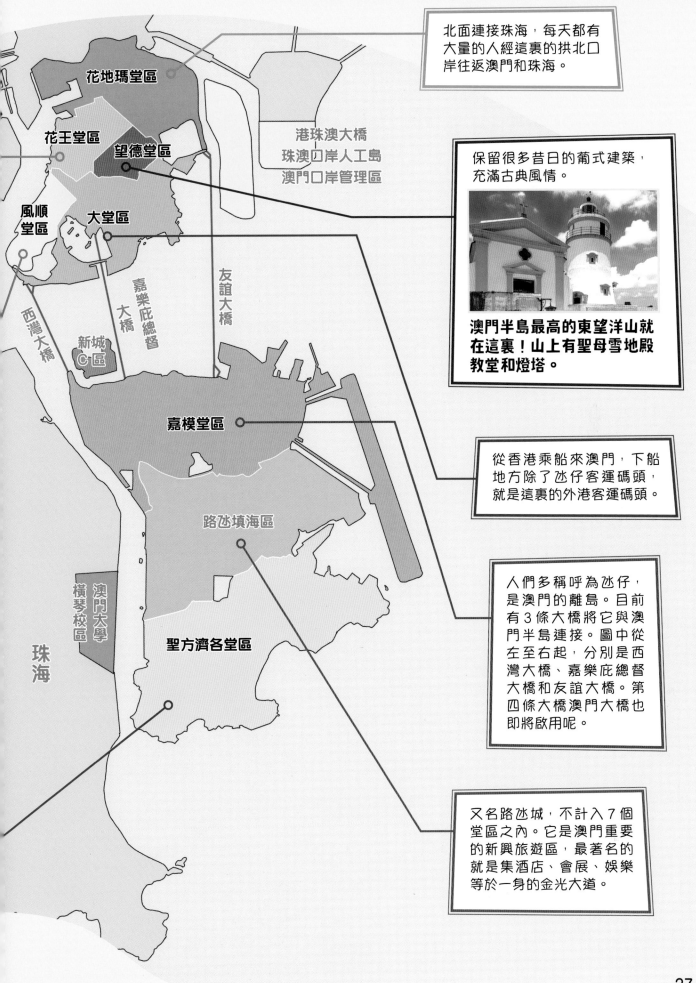

北面連接珠海，每天都有大量的人經這裏的拱北口岸往返澳門和珠海。

花地瑪堂區

花王堂區

望德堂區

風順堂區

大堂區

港珠澳大橋
珠澳口岸人工島
澳門口岸管理區

西灣大橋

嘉樂庇總督大橋

新城C區

友誼大橋

嘉模堂區

路氹填海區

澳門大學橫琴校區

珠海

聖方濟各堂區

保留很多昔日的葡式建築，充滿古典風情。

澳門半島最高的東望洋山就在這裏！山上有聖母雪地殿教堂和燈塔。

從香港乘船來澳門，下船地方除了氹仔客運碼頭，就是這裏的外港客運碼頭。

人們多稱呼為氹仔，是澳門的離島。目前有3條大橋將它與澳門半島連接。圖中從左至右起，分別是西灣大橋、嘉樂庇總督大橋和友誼大橋。第四條大橋澳門大橋也即將啟用呢。

又名路氹城，不計入7個堂區之內。它是澳門重要的新興旅遊區，最著名的就是集酒店、會展、娛樂等於一身的金光大道。

多姿多彩的度假勝地

澳門是中國唯一一個以中文和葡文為官方語言的地方。澳門過去以博彩業為經濟龍頭，未來它會如何運用自己豐富的外貿經驗發展得更好呢？

經濟

世界旅遊中心

上圖是澳門的最高建築——澳門旅遊塔。每年 9 月，國際煙花比賽匯演就在旅遊塔對出的海面上舉行，全城矚目！

提起澳門的大型盛事，又怎能不介紹澳門格蘭披治大賽車？澳門的東望洋跑道位處鬧市之中，賽道多彎、狹窄，挑戰性極高。這項車壇盛事，每年都吸引各地遊客蜂擁而至！

中央政府對澳門也是實行「一國兩制」的政策,所以,澳門也是中國的「特別行政區」呢!請掃描右面二維碼了解《澳門基本法》吧!

2005 年,以澳門舊城區為核心的澳門歷史城區獲列入「世界遺產」。這裏遍布中式與葡式建築,極具特色,是遊客必到的地方!

澳門有些主題酒店除了有博彩、娛樂表演、水上樂園等配套外,還設計成倫敦、巴黎、威尼斯等歐洲奢華風格和提供歐遊般的特色體驗,促進高端消費。

在澳門一間酒店內,遊客可以體驗乘坐威尼斯著名的貢多拉船,真有趣!

中葡合作橋樑

在澳門旅遊塔頂層，可以俯瞰澳門半島的繁華景象呢。澳門熟悉西方體制，主力負責打通葡語國家市場（包括東帝汶、葡萄牙、安哥拉、巴西等），進而聯繫歐盟國家，讓中國的商品和服務走向國際。另一方面，澳門與橫琴合作的發展潛力巨大，有助吸引海外企業來設廠投資。

為什麼澳門與珠海橫琴有緊密合作？這和土地問題有關。澳門很多土地都是填海造地得來的，但仍然不敷應用。於是，中央政府提出了解決辦法。

與澳門相鄰的珠海橫琴島建有澳門大學橫琴校區，校區和橫琴口岸澳門口岸區由澳門管轄；而橫琴粵澳深度合作區由廣東省與澳門共同管轄。這樣，粵澳便能加強協作效應！

發展中醫藥產業

在橫琴的粵澳合作中醫藥科技產業園，裏面除了用現代化技術研發中醫藥產品和服務外，一座以中醫藥為主題的沉浸式體驗館，將會以奇幻形式，帶領參觀者探秘中醫藥！

哇～我可以體驗採摘草藥嗎？

國家重點實驗室基地

澳門大學和澳門科技大學設立了國家重點實驗室，研發高端科技。在粵港澳大灣區內，澳門與廣州、深圳、香港，共建創新科技走廊，研發領先科技！

城市景觀

喵！喵喵喵！
（你好！我來自香港！）

Como está？
（你好。）

大家在澳門可以深深地感受到古典的中葡氛圍啊！澳門歷史城區由相鄰的廣場和街道連接而成，有 **22 座歷史建築**和 **8 個廣場前地**，到處都是留影的好地方！

葡萄牙從前以天主教為國教，所以在澳門興建了很多天主教堂。上圖的聖安多尼堂有 400 多年歷史了。葡人常在這裏舉辦婚禮，周圍的布置像個花海，華人便稱呼它為「花王堂」。

議事亭前地的建築物都非常有特色，加上波浪形地磚圖案，充滿了濃濃的葡國風情。

媽祖閣又名媽閣廟，是供奉天后娘娘的地方。天后是華人的信仰，以前的漁民常常來媽祖閣祈求風調雨順，出海平安。雖然現在漁民減少了，但香火依然鼎盛。

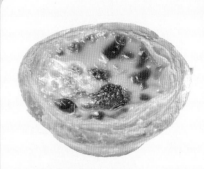

上圖左是葡國雞，右是馬介休球（馬介休即是經醃製的鱈魚），你都吃過嗎？它們不是中菜，也不是葡萄牙菜，而是地道的澳門菜！從前葡萄牙人經營海上貿易，將非洲、印度、馬來西亞等地的調味香料融入葡萄牙菜，再帶到澳門。結合本地人的飲食材料和烹調方式，發展出獨特的澳門葡國菜。

澳門葡撻源自葡萄牙，但配方經過改造後，成為了澳門人氣最高的小吃！

藝術

澳門有大型的「中葡文化藝術節」，中葡繪本書展、電影、美食、歌舞、特色攤位等應有盡有，大家都可以去參加呀！

在澳門，抬頭可見街道牌以白底藍字的瓷磚砌成，低頭會發現用藍白色地磚砌成的圖案。原來它們是結合了葡萄牙瓷磚畫，以拼貼形式貼出圖案的工藝，再加上受中國白地藍花的青花瓷顏色影響而形成的獨特藝術。

不可不知的澳門事

歷史名人

馬禮遜
（1782 - 1834）

首位來華傳教的基督教教士，長期在澳門居住和傳教，並在澳門為中國第一位基督徒施洗。

冼海星
（1905 - 1945）

出生於澳門。著名作曲家，代表作是《黃河大合唱》。歌曲慷慨激昂，是中國抗日戰爭時期（1937 - 1945）激勵人心的作品。

自然資源

石排灣濕地

澳門第一個郊野公園，有豐富的野生動植物，還有大熊貓館呢！

黑沙海灘

黑沙是來自海中的一種礦物「海綠石」，被海浪帶到岸上。

非物質文化遺產

媽祖信俗

每年農曆三月二十三日都會舉行盛大的媽祖誕。

土生葡人美食烹飪技藝

善用香料，融合了中西烹調的手法。

千年商都 廣州

廣州是廣東省省會，因着天時地利，商業活動早在二千年前萌芽。今天，廣州以深厚的歷史文化背景，以及人們靈活的商業頭腦，繼續增強它的國際商貿中心地位，推動國家經濟發展。小朋友，你可有創業夢？如何才能成為出色的商人呢？

廣州在粵港澳大灣區什麼位置？

肇慶

廣州

佛山

惠州

東莞

中山

深圳

江門

珠江口

香港

珠海

澳門

廣州位於粵港澳大灣區北部，接近珠江流域下游入海口，與佛山、中山、惠州、東莞相連。

廣州〔廣東省省會〕

簡稱：廣、穗
別稱：五羊城、
　　　花城、
　　　省城

市花：

木棉花

土地面積：7,238.46 平方公里　　人口：18,734,100 人　　貨幣：人民幣

資料來源：廣東省情網發布於 2024 年 3 月 13 日之數字

廣東有句話「大鄉里出城」，意思是以前見識少的鄉村人來到「省城」（廣州）後大開眼界，可見廣州有多繁華！

有號稱「羊城第一秀」的白雲山，也有現代化的白雲國際機場。機場擴建後，將原本的兩座航廈貫通，成為全球最大單體航廈！

這裏的室內滑雪場也大受歡迎！

鄰近白雲國際機場，並即將在區內的廣州北站興建新城，以吸引更多旅客來訪。

天河區匯聚多座摩天大樓和購物中心。

象徵廣州的五羊石像就在越秀公園！

越秀區是古代廣州城的行政中心。

俗稱「西關」，清朝時是富商聚居之處。

除了有傳統的西關大屋外，在沙面還有許多歐陸古典建築！

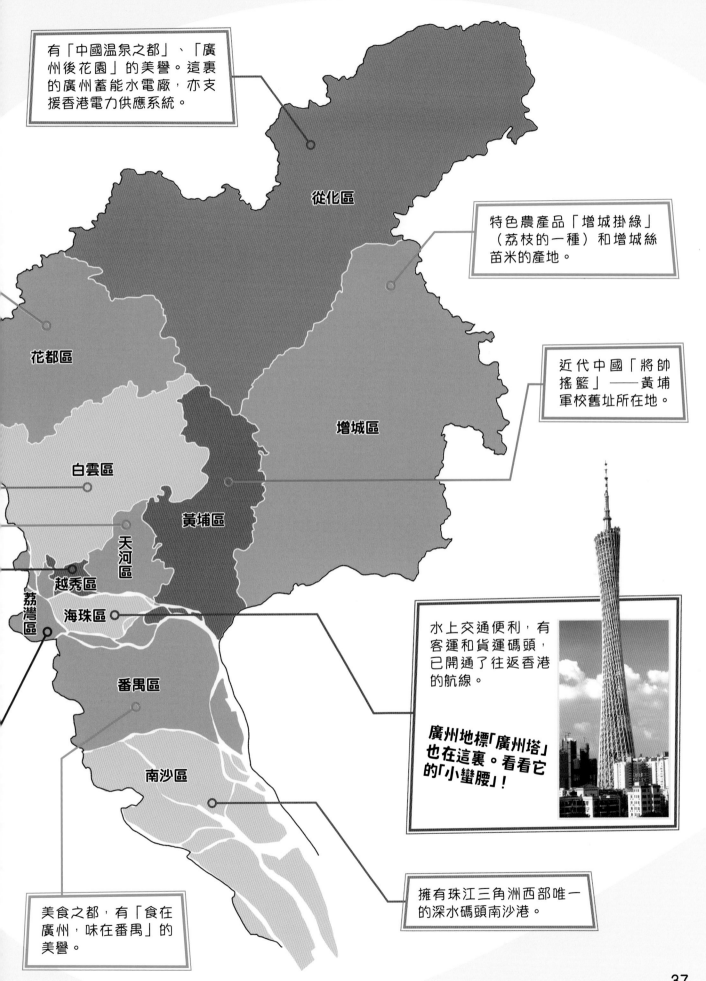

有「中國溫泉之都」、「廣州後花園」的美譽。這裏的廣州蓄能水電廠，亦支援香港電力供應系統。

特色農產品「增城掛綠」（荔枝的一種）和增城絲苗米的產地。

近代中國「將帥搖籃」——黃埔軍校舊址所在地。

從化區

花都區

增城區

白雲區

黃埔區

天河區

越秀區

荔灣區

海珠區

番禺區

南沙區

水上交通便利，有客運和貨運碼頭，已開通了往返香港的航線。

廣州地標「廣州塔」也在這裏。看看它的「小蠻腰」！

擁有珠江三角洲西部唯一的深水碼頭南沙港。

美食之都，有「食在廣州，味在番禺」的美譽。

發揮「領頭羊」角色

廣州是「國家中心城市」，不但在經濟、社會、文化方面對全國有重要影響，而且是代表國家形象的現代化大都市呢！廣州會如何做好這個角色呢？

經濟

善用南沙合作平台

粵港澳大灣區有三大合作平台，包括廣州南沙、珠海橫琴和深圳前海。這三個地方制定多種政策，為香港和澳門的商家提供一個面積寬敞，而且容易適應內地市場的發展空間。下圖就是南沙區。

明珠灣大橋

2021年建成時，是世界同類橋樑中跨度最大的。它貫通深圳、珠海、中山，再經虎門大橋與東莞連接，四通八達！

國際金融論壇永久會址

這是以環保為設計理念的建築，是金融會議與「一帶一路」國際合作會議的重要場地！

全國第三大造船中心，僅次於上海、大連。

華南地區（包括廣東、廣西、海南、香港、澳門等）最大貨櫃碼頭，並發展為智慧港口，實行自動化裝卸貨物、無人駕駛運輸、智慧管控貨物進出等。

全國規模最大的國際郵輪母港，可以停靠目前世界上最大的郵輪。

有多所教育學府，包括香港科技大學（廣州）、民心港人子弟學校、廣州暨大港澳子弟學校等。

南沙區裏有什麼？

是青年創業就業的良好平台，給港澳青年提供了一些就業資助。

2023年6月，首枚南沙造火箭「力箭一號」一飛沖天，將搭載的26顆試驗衛星順利送入預定軌道。「一箭26星」的載星數量打破了中國一箭多星的紀錄！

新興產業的基地，包括生物醫藥、人工智能、新能源汽車等。

發展先進產業

廣州在多個產業中都有突破性發展，建立了里程碑呢。

新興產業

廣州億通智航技術有限公司製造的 EH216-S 無人駕駛載人航空器，是全球首個獲得適航證的無人駕駛載人電動垂直起降航空器。

2023 年 12 月 21 日

創新科技產業

中國自主設計和建造的第一艘大洋鑽探船「夢想號」，在南沙試航成功。它的設備先進，還擁有全球面積最大的船載實驗室。

2023 年 12 月 18 日

最上方的大眼睛和這裏的花朵造型，是同一座建築物的正面和背面——廣東科學中心。

數字化產業

廣汽埃安智能生態工廠是全球第一座新能源汽車「燈塔工廠」，代表它擁有全球製造業的智能製造和數字化技術最高水平！

2023 年 12 月 14 日

大眼睛的設計，寓意培養孩子用「發現之眼」，觀察無限的科學世界！

 **交通**

廣州不愧是廣東省省會，不但交通方便，還有很多特色事物！

 廣州白雲站

匯聚高鐵、普速鐵路、城際鐵路、廣州地鐵、公交車、出租車等交通工具，讓旅客無縫換乘，快速前往目的地。

 **廣州白雲國際機場**

與深圳、珠海、香港和澳門加強合作，建成世界級機場羣，聯通全球。

四通八達的交通網絡
↓
促進物流業與現代產業發展

 廣州火車站

位於廣州市區的廣州火車站，將引入來往北京、深圳、香港、汕尾的高鐵線路，升級為「大灣區中心站」。

 **廣州港**

由 4 個海港和 3 個內河港組成，航線覆蓋世界主要港口。廣州港的其中一個重要區域——南沙，是粵港澳大灣區的發展重點呢。

 **廣州國際港**

華南地區規模最大的鐵路貨櫃中心站，幫助促進粵港澳大灣區與歐洲、東南亞、南亞等貿易運輸。

廣州地鐵與城際鐵路

建設中的南珠中城際（南沙至珠海、中山），將連接深南中城際（深圳至南沙、中山）。旅客乘坐廣州地鐵，就可以從廣州市中心直達中山、珠海和深圳市中心，車程只需約 50 至 75 分鐘！

廣州地鐵 18 號線將會延長，北至清遠，南至中山、珠海，是重要的交通線路！

是呀。廣州的內河外海航線均暢通無阻，加上自然災害少，商業活動可以蓬勃發展，使廣州匯聚中外商品與文化。

建築

清朝的時候，中國曾有近百年時間只有這一個海關——粵海關！仔細看，大門上方有漢字和拉丁文呢。

有學者認為，騎樓是中西合璧的建築物。騎樓有高高的廊柱，人們在廊道下就不怕日曬雨淋，可以慢慢逛街了。

飲食

在瑞士是吃不到瑞士雞翼的！清末民初時，一名外國遊客在太平館餐廳吃過這道用豉油調味的菜式後，覺得它味道「sweet」（甜），聽的人卻以為是「Swiss」（瑞士），於是便有了「瑞士雞翼」的名字。太平館原設於廣州，創辦人將西餐煮法改造以迎合中國人口味，後來還在香港開分店呢。

41

 **語言**

清朝的時候，懂得英語的中國人不多，那麼廣州人是怎樣跟外國人溝通的呢？當時廣州出版了一些英文學習書，以中文為英語「注音」，讓人易於記憶。這反映了廣州人的頭腦靈活，努力學習以適應變化。

Man（男人），注音「曼」

soup（湯），注音「蘇披」

today（今天），注音「土地」

以下的「密碼」都是以中文為英語的注音，你能猜出它的原文是什麼嗎？答案在本頁頁底。

1. 温，拖，夫里

2. 哥烟西、哥區西

3. 決麼玲、決呢

繁華商圈

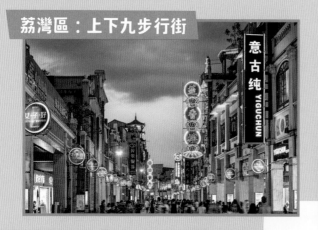
荔灣區：上下九步行街

越秀區：北京路

天河區：廣州國際金融中心

荔灣區、越秀區、天河區，是廣州著名的三大商圈。荔灣區曾經是廣州十三行所在地。廣州十三行是清朝政府特許批准，中國唯一對外貿易的機構，可想而知，當時荔灣區的商業有多發達！

不可不知的廣州事

歷史名人

詹天佑
（1861 - 1919）

出生於廣州，清朝第一批獲選入留學美國的幼童之一。學成回國後，修建了多條鐵路，是「中國鐵路之父」。

南海十三郎
（1910 - 1984）

出生於廣州。著名粵劇作家，代表作有《心聲淚影》、《女兒香》、《燕歸人未歸》等。

自然資源

廣州海珠國家濕地公園

「城市綠肺」，有助淨化城區空氣。

珠江

水流量多而且河道縱橫，有助促進航運事業。

非物質文化遺產

沙灣水牛奶傳統小食製作技藝

以產奶水牛的奶，製成姜埋奶、牛乳片、炸牛奶等美味小食。

廣府點心多種多樣，「一盅兩件」的飲茶文化深入民心。

廣府飲茶習俗

第4站
創新創意之都 深圳

深圳在粵港澳大灣區什麼位置？

深圳在珠江口東面，南與香港接壤，北連惠州與東莞。

肇慶

廣州

惠州

佛山

東莞

中山

深圳

江門

珠江口

香港

珠海

澳門

深圳是一座充滿活力的移民城市，外來人口超過6成！這和國家在1980年在深圳設置經濟特區，以及深圳的優待人才政策有關，吸引了全球、全國富創意的人才在此工作和生活。小朋友，有了創意，加上勤奮努力，就有更大的成功機會。如果讓你發明一件東西，你會發明什麼來改善大家的生活呢？

深圳〈經濟特區〉

簡稱：深　　　市花：
別稱：鵬城

簕杜鵑

土地面積：1,987 平方公里
人口：17,661,800 人　　貨幣：人民幣

資料來源：廣東省情網於 2024 年 3 月 13 日 發布之數字

擁有亞洲最大的養鴿基地，也是國內最大的鮮奶出口基地。

從香港西九龍站乘高鐵來到這裏的深圳北站，最快只需 18 分鐘，十分方便！

光明區

龍華區

龍崗區

寶安區

鹽田區

近年大家經常聽到的「前海」就在這裏沿海的部分區域，橫跨寶安區和南山區。

南山區

羅湖區

福田區

前海是粵港澳大灣區內的合作平台之一！

從香港的落馬洲管制中心過關後，便來到深圳的福田口岸。河套區深港科技創新合作區就在這裏。

深圳的旅遊基地，有多個主題公園。

這兒不是外國，而是集合多個世界地標迷你版的世界之窗！

46

深圳世界大學運動會體育中心是
2011 年第 26 屆世界大學生夏季
運動會的主場館,至今仍舉辦多
項國際賽事。

什麼是經濟特區?

經濟特區就是國家對該區域
實行特殊政策,讓它享有省
級經濟決策權,而且可以透
過較靈活和優惠的經濟措
施,吸引外資或企業進駐,
以促進經濟發展。

有一條被譽為深圳「BT
(Biotechnology)大道」,
那裏有多家具規模的生物
醫藥企業公司,研發疫
苗、基因治療等項目。

大鵬新區不是行政區,
它屬於龍崗區。「新區」
是重點發展的地方,屬
於功能區的一種。

坪山區

大鵬新區
(屬龍崗區)

擁有豐富的山海資源,將以生態旅遊出
發,建立世界級海濱生態旅遊度假區。

這裏的自然風光真漂亮!

大梅沙、小梅沙,都
是深圳市民假日喜愛
前往的海濱度假區。

**「梅沙踏浪」和「一街
兩制」的中英街,都
是深圳的特色景點!**

羅湖口岸是香港人最
熟悉的口岸呢。

創意人才的樂土

深圳擔當前鋒，探索新中國經濟發展的新路向。時間證明它成功了。接下來，這裏的人將如何繼承前人的開創精神，吸納各地人才，讓深圳繼續走在最前？

經濟

敢想敢創

有句話叫做「深圳速度」，比喻發展速度飛快。那到底是有多快？1985 年建成的深圳國際貿易中心，是當時全中國最高的摩天大樓，更厲害的是，它創造了 3 天建一層的速度！

這就是 3 天建一層的高樓啊！

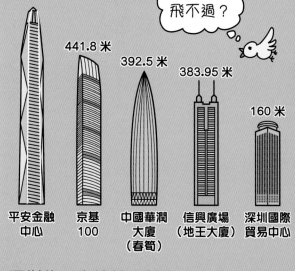

飛得過？
飛不過？

600 米
平安金融中心

441.8 米
京基100

392.5 米
中國華潤大廈（春筍）

383.95 米
信興廣場（地王大廈）

160 米
深圳國際貿易中心

深圳的天際線越來越高，比香港目前最高的環球貿易廣場（484 米）還要高！

中國在 1978 年實行改革開放，這個政策是由當時的領導人鄧小平提出的。1980 年，深圳經濟特區成立，那是國家的第一個經濟特區，可見深圳的地位有多重要！

提升交通設施

深圳寶安國際機場將擴建第三跑道，以提升運力；深中通道通車後，中山前往深圳車程將由 2 小時大幅減至半小時，人流和物流更方便了！

優化口岸

羅湖、文錦渡、皇崗口岸，都是早期開設的關口。它們將會改造為智慧口岸，並且在周邊建設商圈，藉大量往返口岸的人流，推動口岸經濟。

發展「前海」

「前海」是深圳經濟發展的中心區域。這裏有優惠措施鼓勵產業發展和港澳青年創業；也有深圳前海哈羅港人子弟學校、先進醫療機構等，讓人們可以安居樂業。

創意處處

2008 年，深圳獲聯合國教科文組織創意城市網絡授予「設計之都」的稱號，足見這裏的人富創意和設計美感。深圳還定期舉辦大型國際性設計盛會，例如深圳設計周，以發掘設計人才。

科技一日千里。無人駕駛的士已在深圳運行，無人駕駛載人飛行器亦在進行飛行測試了。

匯聚科技人才

河套深港科技創新合作區是一區兩園設計，深圳河北面是深圳園區，南面是香港園區。合作區的建設將有助匯聚更多頂尖科創企業和人才。

哈哈！用指定的手機應用程式就可以呼叫「無人車」了！

憑着人們敢想敢拼的精神，深圳在短短數十年間，從一個小漁村變成大都市，太厲害了！

深圳平安金融中心是深圳目前最高的大樓。它採用多種節能設計，包括將從大樓頂部較涼爽的新鮮空氣吸入並傳送到各樓層，以減少空調使用；幕牆玻璃在限制熱量傳入之餘，也最大限度透入日光，以減低照明能源損耗。

海上世界以退役的豪華法國郵輪為中心，周邊有餐飲購物、酒店、文化藝術等配套。這艘郵輪在 1983 年來到蛇口時，前人以無比的勇氣和獨到的眼光，將郵輪發展成旅遊中心。

深圳人才公園在設計中融合了很多與人才相關的元素。這既是向過去曾為深圳發展貢獻過的人才致敬，也代表着深圳重視人才的誠意。

51

大芬油畫村以仿西洋畫聞名，但也有原創。這裏的年產成品價值高達數十億人民幣，當中近一半是銷往外地的！

多閱讀也有助提升創意。據說在 2025 年，位於前海的全國最大書城「灣區之眼」將會落成，真期待啊！

南頭古城有明、清時代的遺跡。修整後，遊客除了可以欣賞古建築外，還可以遊覽它的藝術文化體驗區、文化創意區等。

城市景觀

深圳是個山海連城的國際都市。它在高速發展的同時，也不忘人與自然和諧共處，所以保留綠化地帶，並加以點綴，造出創意設計。

不可不知的深圳事

歷史名人

凌道揚
（1888 - 1993）

廣東新安縣人。中國近代林業的開創者，第一位倡導中國設立「植樹節」的人。

鄭毓秀
（1891 - 1959）

廣東新安縣（位於今深圳市）人。擁有多個中國第一，包括女性博士、女性律師、女性省級政務官等。

自然資源

深圳濕地的黑臉琵鷺

黑臉琵鷺是世界「瀕危」物種，數量稀少，需要大家好好保護啊！

深圳大鵬半島國家地質公園

天然的火山遺跡博物館。

非物質文化遺產

賽龍舟

在寶安區松崗街，當地的文氏家族發展出賽龍舟及一系列的活動儀式，以紀念民族英雄文天祥。

葵涌客家茶果製作技藝

茶果款式多樣，並且與節慶習俗有關，例如清明節吃艾茶果、婚宴吃寓意百年好合的賞頭圓。

第5站
優質居地 珠海

珠海城市景觀優美，給人休閒舒適的感覺；同時，它的經濟潛力巨大，機遇處處。這樣一個生機勃勃的地方，成為了許多人心目中宜居宜業宜遊的城市。小朋友，如果你是城市規劃師，你會如何設計城市，讓它成為人們的安居之所？試從你居住的社區開始構思吧！

珠海在粵港澳大灣區什麼位置？

珠海位於粵港澳大灣區西岸，與澳門、中山、江門相連，東面隔江與香港相望。

珠海（經濟特區）

簡稱：珠　　　市花：
別稱：百島之城

簕杜鵑

土地面積： 1,725.02 平方公里
人口： 2,477,200 人　　貨幣：人民幣

資料來源：廣東省情網發布
於 2024 年 3 月 13 日
之數字

預製菜產業是斗門區的重要產業。（預製菜是指在食品工廠裏將食物材料烹調，然後加工包裝出售，例如魚丸魚餅、醃製食品、烹煮過的肉類等。）

除了有工業區，這裏也有保留了騎樓和典型歐式建築的斗門舊街！

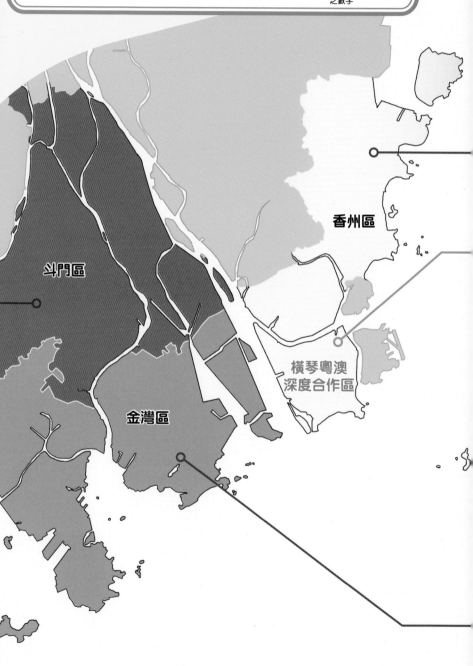

香州區

斗門區

橫琴粵澳
深度合作區

金灣區

珠海有超過100個大小島嶼，「百島之城」的稱號，實至名歸！

傳統市區範圍，珠海的政治、經濟、文化中心。每天人來人往的拱北口岸也在這裏。

你還可以在這裏遇見有名的珠海漁女！

橫琴粵澳深度合作區位於香洲區，除了為澳門經濟發展提供土地，它也是廣東與澳門之間的良好合作平台。

在遊覽澳門時，我們也介紹過橫琴這個地方呢。

航空、生物醫藥和新能源是金灣區內的重點發展產業。

珠海金灣機場近年也完成了擴建工程！

57

宜居宜業宜遊的城市

珠海將自然之美與現代城市規劃有機結合，加上近年大力發展口岸與濱海旅遊，製造了很多創業和就業機會，因此在中國城市的宜居指數中，經常名列前茅。

自然環境

板樟山山地步道位於板樟山森林公園，它依山凌空架建，減少對自然的破壞。更特別的是，它是全國第一條智能健康步道，遊客登入平台註冊，步道就能計算個人行走時長、里數、速度、消耗卡路里等信息呢！

橫琴芒州濕地公園是很多鳥類的家園。這裏既有濕地生態的專題介紹，也是城市裏的休閒公園，讓城市人可以隨時親近大自然。

城市規劃

在珠海野狸島上有一大一小的貝殼，大貝殼是「日貝」，小貝殼是「月貝」，這對純白的「日月貝」就是珠海大劇院。它不但是重要的文化藝術表演場地，更表現出建築與周邊山水結合的精妙構思！

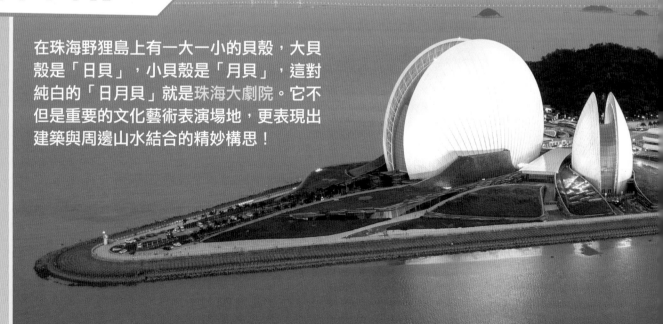

 交通

港珠澳大橋的建成，大大縮短了旅客往返香港、珠海和澳門的時間。而「經珠港飛」的措施，讓中國內地旅客飛抵珠海機場後，就可以轉乘專車經由港珠澳大橋到達香港國際機場禁區，直接前往登機閘口乘搭航機飛往世界各地。過程中不必辦理香港出入境手續，非常省時！

珠海情侶路是一條長長的濱海路，也是城市的主幹道，著名的珠海漁女塑像也在這裏。無論是步行、騎單車或坐汽車，都能享受這優美的環境。

經濟

便利各地商旅

珠海的陸路和水路交通發達，連接澳門的珠海拱北口岸一向繁忙，加上近年蓬勃發展的橫琴口岸與港珠澳大橋珠海公路口岸，迎接各地商旅往來，真是忙個不停呢。

位於香洲區的珠海國際會展中心，距離港珠澳大橋僅 5 分鐘車程，非常方便！

珠海國際會展中心

善用琴澳合作平台

珠海近年發展迅速,尤其橫琴一帶,除了有主題公園海洋王國和其他休閒娛樂設施外,也與澳門在中醫藥、科研、會議展覽等多方面合作,製造許多創業、就業機會。下圖是橫琴的璀璨夜景,左邊是梧桐樹大廈,右邊是中國華融大廈。

我認得最遠的那座高塔是澳門旅遊塔!

這邊臨海的那座高樓是橫琴國際金融中心。它是珠海目前最高的大樓,高 337 米。

開拓多元產業

會展商貿、科技研發、高端製造業等,都是珠海大力推動的產業。

澳門旅遊塔

橫琴國際金融中心

發展休閒旅遊

珠海是濱海城市，生態環境優美，有豐富的旅遊資源。大型海洋主題公園「珠海長隆海洋王國」、以天然海洋溫泉為設計核心的「珠海海泉灣度假區」、保留漁村風情的東澳島等等，每年都可以吸引不少遊客呢！

協作中醫藥產業

在澳門註冊的中醫藥產品，現在可以在橫琴生產了。只要符合條件，就可以申請「澳門監製」標誌。這樣，在擴大中醫藥產品生產量的同時，也保留了澳門的品牌，一舉兩得！

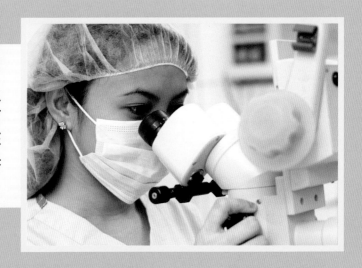

澳門與橫琴各自發揮優勢，互補不足，真是最佳拍檔！

不可不知的珠海事

歷史名人

容閎
（1828 - 1912）

廣東香山人。
中國留學生先驅，
第一位於美國耶魯大學
就讀的中國人。

唐廷樞
（1832 - 1892）

廣東香山人。
中國近代企業家，
創造了多個中國
近代工業第一，
例如用機器開採
大型煤礦。

自然資源

珠海板樟山森林公園

山泉水清冽甘甜，有些珠海市民經常到這裏取水回家泡茶、煲湯呢。

東澳島

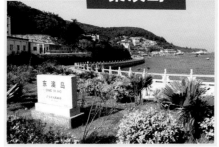

海產豐富，將軍帽、狗爪螺、石九公合稱為「東澳三寶」。

非物質文化遺產

斗門水上婚嫁習俗

因為是水上人家，所以婚嫁時以花船迎親，還有祭龍王等儀式。

三灶鶴舞

在新春期間表演的舞蹈，模仿鶴的生活習性，給長輩送上祝福，祝願他們健康長壽。

煥發創新力量的佛山

　　佛山是有名的「武術之鄉」，黃飛鴻、葉問等武術家輩出。除此之外，佛山的製造業蓬勃，特別是家電產品，因此享有「中國家電之都」的稱號。近年，佛山升級轉型為製造業創新中心，發展高端裝備製造等多個新興產業，決心「打出」一片新天地！小朋友，如果你要在自己的居住城市大力發展一項產業，你會選擇哪一項呢？為什麼？

佛山嶺南明珠體育館

佛山在粵港澳大灣區什麼位置？

肇慶

廣州

惠州

佛山

東莞

深圳

中山

珠江口

香港

江門

佛山位於粵港澳大灣區北部，在廣東的腹部地方。與廣州、中山、江門、肇慶相接。

珠海

澳門

佛山電視塔

佛山

簡稱：禪、佛　　市花：

白蘭花

土地面積：3,797.72 平方公里

人口：9,550,000 人　　貨幣：人民幣

資料來源：佛山市人民政府發布於 2024 年 3 月 20 日之數字

哈哈！佛山的地圖形狀跟耍功夫的姿勢有點相似！我可以在這裏學到佛山無影腳嗎？

因西江、北江、綏江，三江匯流而得名。

這裏有許多「鑊耳屋」，屋頂上方的大耳朵不但外形獨特，而且有防火功用呢。

佛山祖廟每天都有精彩的醒獅表演！

禪城區雖然面積小，但來頭卻不小，古代佛山鎮就在現時的禪城區祖廟街道。這裏既有古樸的山水和建築，也有繁華熱鬧的商圈。

高明區

早在 1980 年代的時候，佛山因為經濟增長迅猛，所以與順德、東莞、中山並稱「廣東四小虎」！

武術界也有「廣東十虎」，其中一虎是黃麒英，他的兒子就是「一代宗師」黃飛鴻！

三水區

南海區

禪城區

順德區

不但是「中國廚師之鄉」，更獲聯合國教科文組織援予「世界美食之都」的稱號。在粵港澳大灣區城市中獲得這個稱號的，還有澳門。

薄、爽、滑、軟的順德陳村粉（又稱沙河粉、黃但粉），它的最佳拍檔就是豉汁排骨！

有「山林水都」的美譽。區內河道縱橫，還有原始森林，生態旅遊資源豐富。

佛山是卧虎藏龍之地！

佛山外表低調樸實，內裏其實名家輩出。也許你在佛山某個街頭或某間小店裏，不經意間會發現到各行各業，各門各派的高手！

武術

習武之人，武德為重！

是！

佛山武術家的名字，每位都是響噹噹的呢！洪拳名家黃飛鴻、詠春拳王梁贊、詠春拳宗師葉問、蔡李佛拳創始人之一張炎。還有，國際武打巨星、截拳道創始人李小龍，祖籍也在佛山，他在香港讀書時曾拜葉問為師呢。

佛山武術為何盛行？早在千年前的唐宋年間，佛山工商業已很發達，社會富庶，吸引了大量外來人口，但也衍生出治安問題。習武不但強身健體，還可保護家人朋友，加上富戶需要武師看家護院，所以佛山便成為「武術之都」了！

文化藝術

陶瓷匠人

當你到傳統的中式廟宇、祠堂或房屋參觀時，記得抬頭看看屋脊，那裏裝飾了很多造型生動的陶瓷公仔呢！有的展現了神話傳說，有的是歷史故事，十分精彩。佛山石灣的陶瓷公仔造工精美，在廣東一帶流傳甚廣。

粵劇名伶

數百年前，粵劇藝人在佛山創設「瓊花會館」，以管理眾多戲班。可是在晚清的時候，粵劇名伶李文茂帶領粵劇子弟起義失敗後，朝廷便下令禁演粵劇，瓊花會館也被燒毀了。不過，佛山祖廟內的萬福台，是現今嶺南地區規模最大、保存最好的古戲台，薛覺先、紅線女、馬師曾等粵劇名伶都曾在這裏登台呢。

經濟

建設廣佛都市圈

從廣州來佛山，可以乘搭城際地鐵。它不但將兩個城市緊密相連，還會開通佛山至廣州白雲機場的路線，更將惠州、東莞、深圳等城際路線也連接起來。工程完成後，只要在地鐵站內換乘不同路線，就可以快速前往多個城市，太方便了！

佛山近年大力推動製造業數字化，以更高效地將高質量的商品推出市場，包括機械裝備、陶瓷建材、食品飲料等。哈哈！也許大家還可以在這裏發現價廉物美的家電產品呢。

佛山世紀蓮體育中心

各位，我們將在世紀蓮站下車，參觀如蓮花般盛開的佛山世紀蓮體育中心，還有外表如積木般的坊塔，那裏有大劇院和展覽館呢。

發展創意產業園

來佛山遊玩，除了它的傳統景點外，別忘記來佛山創意產業園啊！它由舊工廠改建而成，裏面有美食、市集、表演等等，非常熱鬧。將舊資源活化以增加收入，真聰明！

坊塔

有人說過，家裏總有佛山製造的電器。找找看，你家裏也有嗎？美的（Midea）、格蘭仕（Galanz）、德爾瑪（Deerma）等都是佛山的家電品牌呢！

不可不知的佛山事

歷史名人

鄒伯奇

（1819 - 1869）

廣東南海人。
「中國照相機之父」，
發明並製成中國
第一台照相機。

南風古灶

世界保存最完好，持續使用時間最長
（從 500 多年前的明朝直至今天）的
傳統柴燒龍窯。

梁園

廣東四大名園之一，以秀水、奇石、名帖
（即是書法），並稱「梁園三寶」。

非物質
文化遺產

石灣陶塑技藝

造形生動傳神，至今仍保
留傳統的製作技法。

康有為
（1858 - 1927）

黃飛鴻
（1856 - 1925）

廣東南海人。
晚清時與他的學生梁啟超
推行維新變法，希望中國
走上君主立憲的道路，但
以失敗告終。

馬師曾
（1900 - 1964）

廣東南海人。
武術宗師，開設寶芝林
醫館，行醫濟世。

廣東順德人。
粵劇泰斗，自創
「馬腔」。能演文
武生、丑生，甚至
反串花旦。

著名景點

西樵山

山上的「南海觀音」高達
61.9 米，比香港的天壇
大佛還要高！

獅舞（廣東醒獅）

佛山木版年畫

中國四大木版年畫之
一。作品完成後在空
白處塗上本地生產的
「萬年紅」顏料，稱
為「填丹」，能夠防
蟲蟻和抗曝曬。

將武術、舞蹈、音樂等融為
一體的表演項目。

第7站
工業發達的山水城市 惠州

在生態保育與工業發展之間，惠州把分寸拿捏得剛剛好。說到惠州，不少人會想起它美麗的海灣，還有在惠州市區內的西湖。與此同時，惠州的經濟也在快速增長。工業，就是惠州的優勢產業。小朋友，如何在經濟發展與環境保護之間取得平衡呢？試試從觀察自己生活的社區開始，跟爸爸媽媽說說你的看法吧！

惠州在粵港澳大灣區什麼位置？

惠州位於粵港澳大灣區東岸。西南接深圳、東莞，西北與廣州相連，南臨南海。

惠州

簡稱：惠　　市花：
別稱：鵝城

簕杜鵑

土地面積：11,350.36 平方公里
人口：6,050,200 人　貨幣：人民幣

資料來源：廣東省情網發布
於 2024 年 3 月 13 日
之數字

惠州為什麼又叫鵝城？這可
不是因為這裏有很多鵝啊，
而是傳說有仙人騎鵝路經此
地，發覺這裏山清水秀，便
決定長居於此。他的鵝就化
為一座山嶺，即是現在在西
湖旁邊的飛鵝嶺。惠州，也
因此而稱為「鵝城」。

龍門縣

博羅縣

杭州有西湖，惠州也有西湖，而且同樣跟 900 年
前北宋文學家蘇軾有關。而惠州得名鵝城，就是
因為這裏的飛鵝嶺！

這裏也是惠州的政治、
文化、經濟中心呢！

海陸空交通發達，包括：貨櫃
碼頭惠州港；來往深圳、廣州、
汕頭等的高速公路；從香港出
發來到這裏的跨境高鐵列車；
還有惠州平潭機場！

這裏有豐富的礦產資源，包括：石灰石、瓷土、鉛、鋅、鐵等。此外，市政府加強管理這裏的地熱資源，用來發展以溫泉為招徠的旅遊和養生的產業呢。

在蘇軾的作品《惠州一絕》中，提到了這裏的羅浮山呢。「羅浮山下四時春，盧橘楊梅次第新。日啖荔枝三百顆，不辭長作嶺南人。」博羅縣至今仍是廣東重要的農產區，大米、荔枝、龍眼等，產量多而且品質好！

羅浮山有「嶺南第一山」之稱，是中國道教十大名山之一！

惠城區

惠東縣

惠陽區

著名的製鞋業基地，特別是女裝鞋，曾先後獲得「中國女鞋生產基地」和「廣東女鞋名城」的稱號，成品更銷往世各地！

你有見過海龜嗎？惠東港口海龜國家級自然保護區是全國唯一的海龜自然保護區呢！

半城山色半城湖

惠州是粵港澳大灣區 11 座城市中，土地面積第二大的城市。這裏有豐富的旅遊資源吸引各地旅客，也有寬廣的土地空間發展石化產業。與此同時，惠州的對外交通網絡也不斷拓展。最特別的是，在經濟發展迅速的步伐下，這裏仍然像詩畫一般的世界。

經濟

發揮旅遊資源優勢

惠州西湖除了湖景一絕，吸引旅客前來遊覽外，它也是許多雀鳥的安樂窩，一些珍貴的國家一級重點保護鳥，例如東方白鸛也飛來過冬。如果大家想觀賞鳥兒，清晨和傍晚都是好時機，可以看到大羣鳥兒在湖面飛過呢。

惠州西湖原本名叫豐湖，自從蘇軾被降職到來後，他因為這個湖位於城西，而且風景秀麗，讓他想起了心愛的杭州西湖，於是把豐湖叫做西湖。

呀！是東方白鸛！

上圖左邊的那座塔，是大有來頭的！它名叫泗洲塔（泗粵音：嗜），位於西湖西山，最初建於唐朝。後來塔毀了，在明朝重建，至今已有 400 多年歷史，是西湖風景區內最古老的建築之一。

雙月灣的外形就像兩輪背靠的明月，十分漂亮！上圖左邊的是西海灣——大亞灣，右邊的是東海灣——虹海灣。這個得天獨厚的天然資源，非常適合發展濱海旅遊度假區啊！

西湖風景區面積很大，這座高榜山也在範圍之內。高榜的意思，是古人祝願惠州考生在科舉考試中能夠高中金榜，獲得當官的資格。

建設綠色石化產業

什麼是石化產業？那是和石油相關的工業。石油不止是一種燃料，它經過重重加工後，可以變身成一根絲線、一匹布、製作口罩的材料、護膚品、電腦鍵盤……是不是意想不到呢？在惠州市大亞灣石油化學工業區裏，實現了「一條龍」的從提煉石油至加工的工序，有助減低運輸成本，加速生產，而且在生產過程中也注重環境保護。惠州另一重點發展產業，就是電子信息產業，包括新能源電池、平板顯示等。它與石化產業，都朝向收入達萬億級別進發！

粵東，顧名思義，就是廣東東部，包括潮州、汕頭、揭陽、汕尾等沿海城市。

交通

鐵路真是連繫粵港澳大灣區城市的重要橋樑啊！

惠州有「粵東門戶」之稱。因着惠州與經濟實力強勁的深圳、東莞、廣州相鄰，而粵東城市的經濟實力則較弱，因此擔當了聯通兩邊的角色。惠州的內外交通都在不斷完善中：市內修建高速公路、搭建跨東江大橋；對外包括擴建惠州平潭機場以提升運力、發展惠州港以加大貨運碼頭的吞吐力。此外，一條從東至西貫通惠州、東莞、廣州、佛山、肇慶的城際軌道已經落成，人們往返各座城市就更方便了！

不可不知的惠州事

歷史名人

葉挺

（1896 - 1946）

廣東惠陽人。傑出的軍事家，中國人民解放軍的創建者之一。曾參與領導北伐戰爭、抗日戰爭等。人如其名，無論順境逆境，始終堅守信念，挺拔不屈。

黃秉維

（1913 - 2000）

廣東惠陽人。著名地理學家，中國地理學會理事長。致力研究中國的環境資源、如何合理發展，以及關注全球環境變化等課題。獲得 1996 年國際地理聯合會特別榮譽獎。

著名景點

巽寮灣

細軟潔白的海沙，讓它有「天賜白沙堤」的美譽，而且也是粵東數百公里海岸線中，海水最潔淨的海灣之一。

合江樓

在東江和西枝江的合流處，曾是蘇軾的住處。現今的合江樓是重新建造的，不少旅客都喜歡到那裏拍照留念呢。

非物質文化遺產

舞鯉魚

惠東縣平海鎮西北村的傳統活動，常在喜慶節日舉行。傳說當地曾久旱無雨，有鯉魚帶領人們尋找水源，人們便創作了舞鯉魚來紀念此事，並祈願天下太平。

淡水客家涼帽製作技藝

涼帽是客家婦女主要服飾之一。別看它外表簡單，其實選材講究，造工精巧，要經過20 多道工序，才能製成一頂既美觀又實用的涼帽！

世界製造業之都 東莞

海德廣場

　　智能手機已成為我們生活中不可或缺的一部分。你知道智能手機在哪裏生產嗎？在 2022 年，全球每生產 6 部手機，就有 1 部是來自東莞的！在東莞製造的東西包括服裝、電子產品、機械、家具、玩具、紙製品等，多不勝數！小朋友，如果你是一名產品設計師，你會為產品加添什麼元素，使它們增值呢？

民盈・國貿中心 2 號樓

環球經貿中心

東莞在粵港澳大灣區什麼位置？

肇慶

廣州

惠州

佛山

東莞

中山

深圳

江門

珠江口

香港

珠海

澳門

東莞位於粵港
澳大灣區東岸。
西南臨珠江口，南
接深圳，東北鄰惠
州，西北連廣州。

東莞

簡稱：莞　　市花：

白蘭花

土地面積：2,460.38 平方公里

人口：10,437,000　人貨幣：人民幣

資料來源：廣東省情網於 2024 年 3 月 13 日公布之數字

東莞 4 街、28 鎮

1. 莞城街道　2. 東城街道　3. 南城街道
4. 萬江街道　13. 虎門鎮　14. 長安鎮
21. 樟木頭鎮　24. 橋頭鎮　32. 石碣鎮

5. 高埗鎮：　高埗大橋是全國第一條由農民集資興建，用過橋收費還貸的橋樑。

6. 中堂鎮：　龍舟製作技藝已傳承 300 多年了。

7. 麻涌鎮：　有兩個現代化港口，方便物流。

8. 望牛墩鎮：農曆七月初七乞巧節，有拜七姐習俗。

9. 道滘鎮：　不可不試的道滘十大名菜和十大小吃。

10. 洪梅鎮：　洪梅花燈是當地的特色手工藝品。

11. 沙田鎮：　仍保存水上人家的文化。

12. 厚街鎮：　聚集了上千家鞋業工廠與貿易公司。

15. 大嶺山鎮：家具出口名鎮。

16. 大朗鎮：　毛衣製造重鎮。

17. 黃江鎮：　有多個森林公園和濕地公園。

18. 塘廈鎮：　有多個大型生態公園。

19. 鳳崗鎮：　客家文化歷史悠久。

20. 清溪鎮：　古代常有鹿羣在河邊喝水，故又名鹿城。

22. 謝崗鎮：　有「東莞第一高峯」銀瓶嘴。

23. 常平鎮：　鐵路發達，廣深港的交通樞紐。

25. 企石鎮：　以鎮上千年古樹秋楓，作為文化節核心。

26. 橫瀝鎮：　500 年歷史的牛墟，牛隻交易市場興旺。

27. 東坑鎮：　農曆二月初二「賣身節」是特色節日。

28. 寮步鎮：　銷售莞香的重要市場。

29. 茶山鎮：　南社古村保留了大量明清時期的建築。

30. 石排鎮：　蘊藏大量紅石，是美觀又實用的建築材料。

31. 石龍鎮：　這裏的健兒曾十多次破世界舉重紀錄。

4. 萬江街道是東莞著名的水鄉。萬江賽龍舟很有名呢。

13. 虎門鎮是歷史上「虎門銷煙」的地方。

這位就是鼎鼎大名，抵制鴉片煙的清朝官員林則徐！

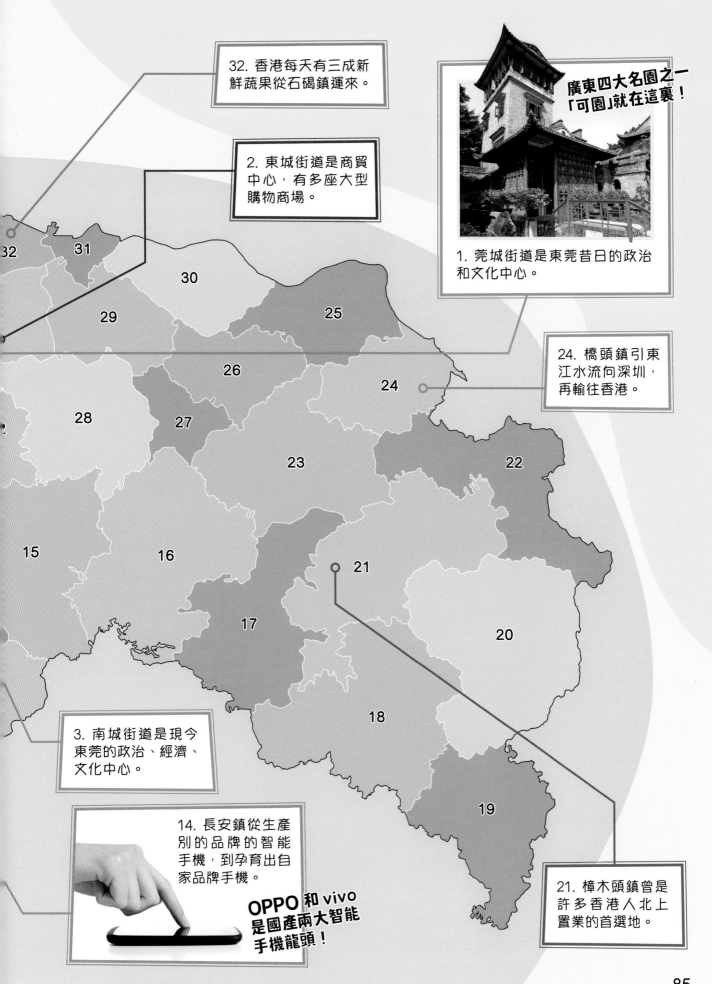

32. 香港每天有三成新鮮蔬果從石碣鎮運來。

2. 東城街道是商貿中心，有多座大型購物商場。

廣東四大名園之一「可園」就在這裏！

1. 莞城街道是東莞昔日的政治和文化中心。

24. 橋頭鎮引東江水流向深圳，再輸往香港。

3. 南城街道是現今東莞的政治、經濟、文化中心。

14. 長安鎮從生產別的品牌的智能手機，到孕育出自家品牌手機。

OPPO 和 vivo 是國產兩大智能手機龍頭！

21. 樟木頭鎮曾是許多香港人北上置業的首選地。

創出自家新方向

　　從前的東莞，是承接外商訂單，按要求進行加工。由於外來勞動人口眾多（超過常住人口一半以上），使東莞有大量勞動力做好生產。現在的東莞，已經翻開新一頁，積極開展自家品牌，並善用自身資源，把握更多機遇！

拓展電子信息產業

　　在東莞長安鎮這個小小的地方裏，誕生了兩大國產一線智能手機品牌——OPPO 和 vivo，成績驕人。而國內另一研製智能手機等電子產品的跨國科技公司華為，也在東莞設立基地——上圖的歐洲小鎮就是啦！裏面有華為研發的電動車貫穿全鎮。如果要進去參觀，一般需要由華為員工帶進去，但在官方特別的宣傳活動期間，公眾也可以進場呢。

全球商品生產主線

東莞的生產力非常高，它的商品多元化，而且是人們日常生活不可或缺的重要東西，包括電子產品、服裝、鞋帽，還有玩具、家具等等。有句話説：「東莞塞車，全球缺貨」，只是幾小時的塞車時間，也會使全球供貨速度受影響！雖然有點誇張了，但也可想而知，東莞這個著名的「世界工廠」有多重要！

虎門大橋於 1997 年通車，是第一條橫跨珠江口東西兩岸的大型橋樑，連接了東莞虎門與廣州南沙呢。

嘩！這裏真漂亮！我們來到歐洲了嗎？

這個歐洲小鎮分成 12 個不同風格的歐式經典建築區域，讓人目不暇給！

發展生態旅遊

大家現在看到上圖的華陽湖生態濕地公園清幽宜人，可是這裏卻曾是一個臭水塘！當時附近的工廠排出大量污水，使河水發黑發臭。經東莞市政府決心整治後，大家才見到這般美景。現在每年吸引數百萬人次來參觀，帶來可觀收入呢！

文化篇

除了重視科技創新和製造業升級轉型外，東莞也積極推動文化發展。右圖是東莞中心廣場，周邊還有展覽館、玉蘭大劇院、羣眾藝術館、科學技術博物館等，讓新一代更了解東莞的故事和發展路向。

體育

東莞市民特別熱愛籃球運動。早在 1984 年，東莞常平農民男子籃球隊便取得全國第一屆「豐收盃」冠軍；2004 年，東莞獲稱「全國籃球城市」；2021 年，東莞的廣東宏遠隊成為中國男子籃球職業聯賽（CBA）史上首隊「十一冠王」……真厲害！東莞籃球不但國內知名，而且也走向國際。2019 年，國際籃球聯會籃球世界盃就在東莞籃球中心舉行，那可是 2021 年東京奧運會男子籃球比賽的首輪資格賽呢！

大哥哥，接球啦！

歷史古蹟

左圖的池景祥和寧靜，但事實上，這裏在百年前發生了一場讓世界風雲變色的大事——當時英國商人將大量鴉片走私到中國，製成毒品鴉片煙。清朝官員林則徐向皇帝上書禁煙，並在 1839 年於虎門挖池銷煙！

「虎門銷煙」為中英戰爭埋下導火線。在 1840 年至 1842 年，以及 1856 年至 1860 年，中英先後爆發了兩次鴉片戰爭，右圖就是當時鎮守於虎門的威遠炮台。可是兩次戰爭均以清政府戰敗告終。香港的香港島，以及九龍半島就是在這兩場戰爭中，在不平等條約下，清政府被迫割讓予英國的。

不可不知的東莞事

袁崇煥

（1584 - 1630）

有說是廣東東莞人。
明朝末年抗清名將。
遭敵國的反間計陷害
而亡。

華陽湖生態濕地公園

有美麗的生態環境，也有適合一家大
小的踏單車遊湖、乘船遊覽等活動。

南社明清古村落

保留了不少數百年前明清時期的建
築。在南社戲台上，還會有特色民俗
活動和表演呢。

非物質
文化遺產

草龍舞

又稱「火龍舞」。每年春節
和中秋節晚上，企石、橫瀝、
鳳崗等村民祭祖拜龍後，便會
將線香插在草龍上舞動，
祝願家家幸福。

林則徐
（1785 - 1850）

清朝官員，於虎門銷毀鴉片煙。

廣東東莞人。民國時期著名法學家、外交家。第一位於海牙國際法庭任職的中國人，並將德文版《德國民法典》翻譯為英文，成為英美各大學通用的標準譯本。

王寵惠
（1881 - 1958）

蔣光鼐
（1888 - 1967）

廣東東莞人。抗日名將。於 1932 年在上海率領軍隊，迎戰中日爆發的第一場大規模戰役「淞滬抗戰」。

廣東觀音山國家森林公園

有着近千種野生植物和 300 多種野生動物。在觀音山頂，還有世界最大花崗岩觀世音菩薩聖像。

著名景點

橫瀝牛墟

500 年歷史的牛墟市場。每逢以 1、3、6、9 為尾數的日子，省內外的客商和農民都會來到這裏進行牛隻買賣。

東坑賣身節

在農曆二月初二舉行。傳說，這個節日源於以前出賣勞力，「賣身」給有田地的僱主做工。後來演變為「遇仙節」，神仙會降臨凡間救苦救難。如今，更與「潑水節」合而為一呢！

偉人孫中山的故鄉 中山

　　中國民主革命的先驅孫中山先生家喻戶曉，因着他對國家與人民的貢獻，他的故鄉也以他命名，成為中國唯一一座以近現代領導人命名的地級市。這裏除了可以看到孫中山昔日的生活痕跡外，也是近代先進製造業基地，以及珠江東西兩岸發展的重要支撐點呢！小朋友，哪一位歷史名人給你留下最深印象？他有什麼值得你學習的地方？

中山在粵港澳大灣區什麼位置？

中山位於粵港澳大灣區西岸。北接廣州、佛山、西連江門、南鄰珠海，隔珠江與深圳相望。

肇慶

廣州

惠州

佛山

東莞

深圳

中山

香港

江門

珠江口

珠海

澳門

中山

舊稱：香山　　市花：

菊花

土地面積：1,780.99 平方公里
人口：4,431,100 人　　貨幣：人民幣

資料來源：廣東省情網
於 2024 年 3 月 13 日
發布之數字

歡迎大家來到孫中山先生的家鄉。

中山 8 街、15 鎮

1. 石岐街道　6. 中山港街道　7. 南朗街道
9. 三鄉鎮　10. 坦洲鎮

2. 東區街道：　中山市人民政府所在地。
3. 南區街道：　有多位名人故居。名人包括：中國空軍之父楊
　　　　　　　仙逸、中國百貨業先驅馬應彪、中國航空學校
　　　　　　　首位校長楊官宇等等。
4. 西區街道：　這裏的岐江公園本是造船廠，改建後保留了一
　　　　　　　些工業特色。
5. 民眾街道：　發展結合現代農業和旅遊業的水果園。
8. 五桂山街道：中山市內最高的山峯就是五桂山主峯！
11. 神灣鎮：　神灣菠蘿之鄉。
12 板芙鎮：　以生產歐美家具、酒店家具等聞名。
13. 大涌鎮：　中國紅木雕刻藝術之鄉。
14. 沙溪鎮：　休閒服裝業十分興旺。
15. 橫欄鎮：　水土肥沃，適宜種植大量花木出售。
16. 古鎮鎮：　製作的燈飾甚為有名。
17. 小欖鎮：　每年的菊花會都吸引大批遊客前來。
18. 東鳳鎮：　東鳳五人飛艇賽是當地的熱門運動。
19. 南頭鎮：　家電產業為主，包括：空調、電視、雪櫃等。
20. 黃圃鎮：　中國最大的「廣式臘味」生產基地。
21. 三角鎮：　發展三角生魚美食文化作為特色產業。
22. 港口鎮：　建設中的南（廣州南沙）中（中山）高速公路
　　　　　　　將聯通深（深圳）中（中山）通道，形成交通
　　　　　　　樞紐。
23. 阜沙鎮：　這裏的浮虛山在數百年前是一座孤立於海
　　　　　　　上的島山，現已跟大片的陸地連成一片。

1. 在近 900 年前南宋的時候，石岐是香山縣的縣城。要認識中山，不能不來這裏探尋它的故事啊！

孫文西路步行街是著名的商業街，人們可以邊購物邊欣賞兩旁的騎樓與歐式古典建築！

10. 坦洲鎮交通方便，10 分鐘可到達珠海市區。多條高速公路陸續落成，往來澳門、珠海、香港等機場只需 30 至 60 分鐘！

這裏還有水上度假中心！

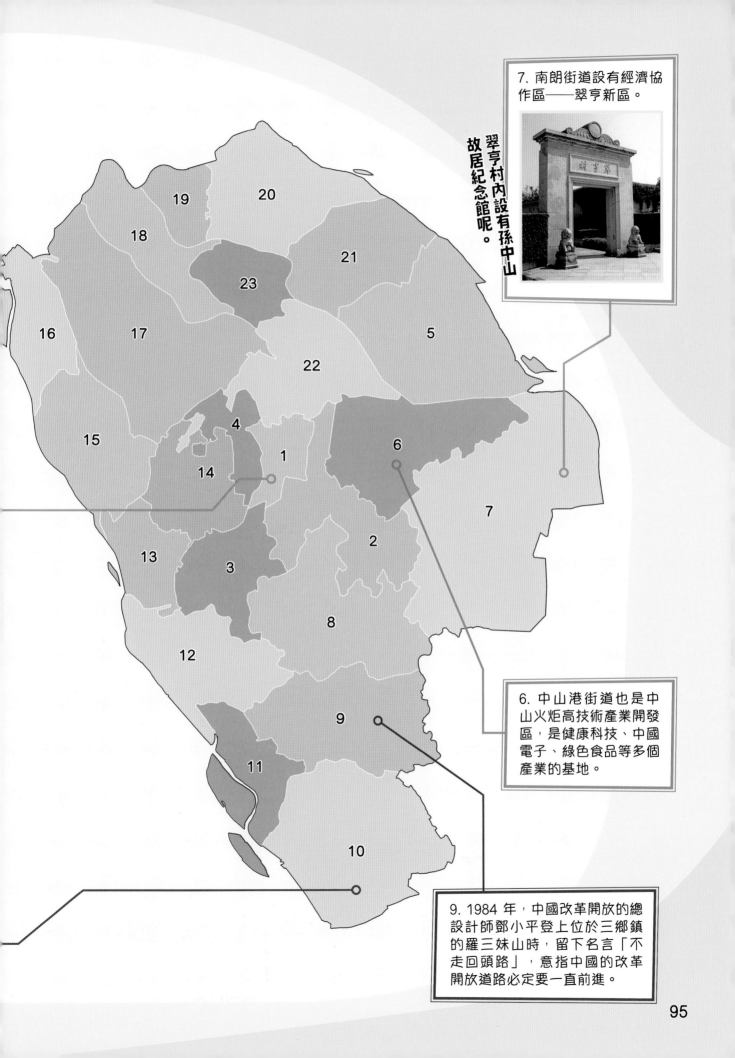

文化名城新景象

除了孫中山外，中山還出了不少名人，有豐富的文化資源呢。此外，中山的傳統製造業已展開升級轉型，走向數字化；加上它與鄰近城市的交通網絡加緊聯通，中山將成為珠江東西兩岸融合發展的重要支撐點！

經濟

孫中山一生堅持「天下為公」，要建設一個以人民為主，公平、幸福的社會，理想遠大！

全國不少地方都有孫中山的塑像，右圖是在北京的孫中山銅像。

孫中山最先從醫救人，後來目睹國家在清政府管治下積貧積弱，民不聊生，便決心從事革命。1911年，清政府被推翻，他獲推選為中華民國臨時大總統。孫中山一生為國家、人民操勞。他在 1925 年逝世後，廣州中華民國陸海軍大元帥府決定將孫中山的故鄉香山，改名中山，以此紀念孫中山。中山市跟孫中山淵源如此深厚，當地市政府正在將中山市打造為孫中山文化國際交流中心呢。

孫中山跟香港的關係也很密切啊！大家可以掃描右面的二維碼，跟着裏面介紹的「孫中山史蹟徑」，走遍與孫中山有關的 16 個香港地點，認識這位偉人的故事。

名人故里文化遊

名人的家鄉，可以發展為重要的旅遊資源啊！孫中山在中山翠亨村出生、成長，在外奔波多年後曾回鄉省親，在中山留下了不少生活痕跡呢。

在 20 世紀初，中國有 4 間響噹噹的百貨公司，其中 3 位創辦人的出生地都屬今天的中山市（包括永安百貨創始人郭樂、新新百貨創始人李敏周、先施百貨創始人馬應彪）。中山人的生意頭腦真厲害！

升級先進製造業

家電、服裝、家具、五金等，都是中山有名的傳統製造業。其中，尤以古鎮的燈飾、南頭的家電、大涌的紅木家具和牛仔服飾、小欖的五金製品等，名氣最大！近年，中山積極將製造業數字化、智能化，以降低生產成本；並拓展智能家電、電子信息、健康醫藥等新興產業，使產業更多元化。

家裏有沒有中山製造的東西呢？哈哈，讓我找找看！

建設「經濟開發區」

怎樣為自己的城市爭取更多發展資源？那就要做好城市規劃了！2024年1月，中山獲廣東省人民政府批覆，新增兩個省級經濟開發區，一個是「岐江新城經濟開發區」，它位於中山最繁華熱鬧的核心，涵蓋中山港街道、東區街道、石岐街道、港口鎮各一部分。另一個「板芙經濟開發區」則位於板芙鎮。

成為經濟開發區後，區內的一些經濟項目就可以享有優惠待遇啦？

不錯！你真聰明！

這條就是岐江，是中山的母親河。

石岐街道作為「岐江新城經濟開發區」的核心區域之一，將會重點發展大健康產業（與人體健康有關的一切產業，包括醫療用品、保健用品、休閒健身等）、多元化專業服務，包括金融、法律、檢測認證等；而「板芙經濟開發區」則向着新能源、新材料、電子信息產業等方向發展。

每個開發區都有自己的特色路向，結合起來又能互相補足呢。

軌道上的大灣區

珠江東岸有香港、深圳、東莞、惠州,而西岸則有澳門、珠海、中山、江門。目前,東岸的經濟領先於西岸,兩岸的發展需要再加強協作。怎樣做到呢?位處兩岸之間的中山就是連繫兩岸的重要橋樑。

行車時間少了,我在中山玩的時間便多了!

往來深圳和中山的人員和貨物更暢通流動,對推動經濟大有幫助!

深中通道
(預計 2024 年通車)

南珠(中)城際

港珠澳大橋

不少粵港澳大灣區的居民都期待着以下兩條陸路交通的啟用呢!

南珠(中)城際分成東西兩段。從廣州南沙出發,西段往中山,東段聯通珠海,預計於 2027 年全部完工。到時候,中山市中心至廣州市中心,只需約 45 分鐘。而且,南珠(中)城際還將與深南中城際連接,讓廣州、中山、珠海、深圳市民的出行更暢通無阻!

繼超級工程港珠澳大橋後,又一條橫跨珠江口的通道即將建成啟用,那就是「深中通道」!從前,香港經深圳前往中山,需要通過虎門大橋,車程約需 2 小時。深中通道啟用後,則只需約 1 小時,來回便足足節省 2 小時,非常便捷!

不可不知的中山事

歷史名人

楊著昆

（1853 - 1931）

廣東香山人。
赴美創業致富後不忘故鄉，
支持兒子投身祖國的革命
事業，甚至變賣田產幫助
孫中山擴充粵軍飛機隊。

中山幻彩摩天輪

晚上會亮起彩燈，華麗奪目。摩天輪的最高點
距離地面約 32 層樓的高度，讓吊艙內的乘客
可以從高空欣賞岐江兩岸的美景。

孫中山紀念館

位於翠亨村孫中山故居景區內，除了介紹
孫中山的事跡外，還展示了他在成長時的
社會環境，讓參觀者加深了解當時的生活。

非物質
文化遺產

小欖菊花會

自 1782 年起舉辦第一次菊花
會後，小欖每隔 60 年便有
一場盛大的菊花大會。期間
每年或數年舉行小型菊花會。
最近一次的大型菊花會在
1994 年舉行，接下來要
等到 2054 年了啦！

孫中山
（1866 - 1925）

廣東香山人。
因目睹晚清政府的
腐敗而放棄行醫，
改以革命救國救民。

郭樂
（1874 - 1956）

廣東香山人。
在香港創辦了永安
百貨公司，其後在
上海也開設了永安
百貨、紗廠等，經營
得有聲有色。

王雲五
（1888 - 1979）

祖籍廣東省香山縣。發明四
角號碼（取字的四角的筆畫，
分別用 0-9 表示，組成一個
四位數。主要用於在工具書
中查找字）。商務印書館總
經理，在中國抗日戰爭期間
仍堅持出版。

埠峯文塔

建於 400 年前的明朝。
位於中山公園內的煙墩山上，
是石岐的地標之一呢。

著名景點

中山裝製作技藝

中山裝由孫中山親自
設計，是結合中西服
裝特點的新式中裝。
要經過 20 多道大工
序和 100 多道小工序
才製成呢！

石岐乳鴿菜式烹飪技藝

石岐乳鴿是由華僑帶回來的鴿與中山本地鴿雜交
培育而成，加上廚師精湛的烹調技藝，特別是紅燒乳鴿，
真是美味非常！

第10站
中國僑都江門

2007年，江門開平碉樓與村落成為了廣東省第一個世界文化遺產，其後更有電影來取景拍攝，吸引越來越多海內外人士到來參觀。除了碉樓外，江門也着力打造成為先進製造業城市，並與深圳、中山、珠海等城市加強聯通，創建更多發展機遇！小朋友，旅遊業是重要的產業，你會如何向遊客介紹你所居住的城市，吸引他們前來呢？

江門在粵港澳大灣區什麼位置？

江門位於粵港澳大
灣區西岸。東鄰中
山、珠海，北接佛
山，南臨南海。

肇慶

廣州

惠州

佛山

東莞

中山

深圳

江門

珠江口

香港

珠海

澳門

江門

簡稱：邑
別稱：五邑

市花：
 簕杜鵑

土地面積：9,535 平方公里
人口：4,822,400 人　貨幣：人民幣

資料來源：江門市人民政府
發布於 2024 年
4 月 15 日之數字

邑，是縣的意思。五邑，是指現今江門下轄的 **5 個縣級** 行政區，包括新會、台山、開平、恩平、鶴山。從前有四邑和六邑的説法，那是在五邑的基礎上減去鶴山和加上赤溪。

開平是中國著名僑鄉，菜刀（廚師）、裁縫刀（裁縫師傅）、剃頭刀（理髮師）是老一輩開平人去海外打拚的「三把刀」！

這是雲幻樓，以長達 **50 字** 的對聯，意境高雅又瀟灑的書法而聞名！

中國第一個的地熱國家地質公園，就在恩平！它是中國有名的温泉之鄉呢！

恩平市

在 100 多年前的清朝晚期，這裏曾有一條完全由華人集資、施工、管理的鐵路，名叫新寧鐵路，創辦人是台山華僑陳宜禧。這是很了不起的事啊！現在的台山是中國電能源產業基地，透過核電、火電（燃燒化石燃料，例如煤、石油等產生的熱能，轉換為電能）、水電供應電力。

台山也是「排球之鄉」，有不少排球好手！

準備接球！

從這裏的江門北站出發，貨運列車可以駛至德國呢。

曾獲「中國男鞋生產基地」的榮譽稱號，以時尚活力及高品質著名。

江門市政府的所在地。

鶴山市

蓬江區

江海區

開平市

新會區

江門國家級高新技術產業開發區就在這裏！安全應急產業是它的特色產業，也就是在發生自然災害、事故災難的時候所需的物資，例如消防用品、應急照明產品等。

台山市

東華大橋將江海區與蓬江區連繫起來，不但市民出行方便了，也推動了江海區的經濟發展。

深中通道啟用後，緊鄰中山的新會也因此拉近與深圳的空間距離，單程只需約1小時，非常方便！

家家戶戶必備的陳皮，當中尤以新會陳皮享譽全國！

「僑」與「橋」的相會

江門與「僑」、「橋」真有緣！「僑」是指華僑，而「橋」則是指即將落成的兩座跨海大橋——在江門東邊的深中通道，以及在江門南邊的黃茅海跨海通道。這「僑」與「橋」將有助江門的經濟加速增長呢。

經濟

發展特色文化旅遊

在約 200 年前的清朝晚期，四邑百姓因為生計艱難，年青一輩便決定往外闖，前往南洋（東南亞一帶）、美國、加拿大等地工作。他們有的賺了錢便寄回家鄉買地建樓，改善家人生活，還會給族中子弟供書教學，培育他們成才。所以遊覽碉樓，也是在看一部部的華僑奮鬥故事，十分精彩！

碉樓為什麼都建得高高的，而且窗戶都是小小的？那是防盜、防洪水的需要啊！碉樓都是鐵門鐵窗，有很多槍眼，還常備儲糧。遇上狀況，人們只要躲進樓內便安全了。

自力村碉樓有 15 座，都是建於開平碉樓的興盛時期，特別漂亮！

如果想知道更多開平碉樓的事，可以掃描下面二維碼，到開平碉樓旅遊區的官方網站。

除了開平外，台山、恩平等都有碉樓。每座碉樓的故事都值得我們細聽，而它們揉合中西建築特色的外貌，也要好好欣賞呢。

江門名人輩出，至今保留了不少名人故居，讓遊客來此感受前人在此的生活呢。例如有中國近代政治家梁啟超的故居、響應孫中山，辛亥革命先驅陳少白的故居、中國第一位飛機設計師馮如的故居、武術宗師梁贊的故居等等。

江門的故居是我童年讀書和少年時期成長的地方，歡迎大家來參觀。

梁啟超

邁向先進製造業

製造業向來是江門的主要經濟產業，近年也在升級轉型，目標是成為全國高端裝備製造的重要基地。高端裝備是什麼？那是製造業提升效率的必備配件，包括精密儀器的製造、生產各種機械組件、提供專用設備維修等等。此外，江門也在拓展電子信息、新能源汽車、新材料和大健康（包括醫療用品、保健用品、營養食品等一切與健康有關的產品與服務）等的產業，全都朝向收入達萬億級別進發！

我們能夠享受安全又快捷的高鐵服務，全賴背後有許多人員在研發、生產、檢修列車的組件和軌道。這些都需要高端裝備配合呢。

建設江門大廣海灣經濟區

大廣海灣經濟區包括新會、台山、恩平的部分區域。在深中通道與黃茅海跨海通道通車後，人流和物流都方便了，有助加速江門深度融入粵港澳大灣區的中心城市。另一方面，大廣海灣經濟區寬廣的土地空間，對於香港、澳門等因土地問題而受到限制，提供了解決方法。還有近 3 萬平方公里的海洋區域也具備發展為大型深水港的條件呢。

■江門大廣海灣經濟區

不可不知的江門事

歷史名人

馮如
（1884 - 1912）

廣東恩平人。中國第一位飛機設計師，製造飛機並試飛成功，被譽為「中國航空之父」，畢生為着祖國的航空事業發展奮鬥。

梁思成
（1901 - 1972）

廣東新會人。父親是梁啟超。畢生致力於研究和保護中國古代建築，使一些古蹟在當時戰火漫天之下免受炮擊，被譽為「中國近代建築之父」。

著名景點

長堤歷史文化街區

保留了約百年前民國時期的建築風貌，有千多棟騎樓，讓人仿如走進時光隧道。

新會學宮

古代的考場，始建於近 1,000 年前的北宋。曾毀於元朝的戰火之中，在明朝的時候重建。

非物質文化遺產

羅氏柑普茶製作技藝

清朝官員羅天池發現，陳皮湯泡普洱茶可以化痰止咳，更創製將柑子肉掏空，曬乾果皮後用來存放普洱茶葉的方法。

蠔油製作技藝

從養殖生蠔起，以至選取優質生蠔、熬製蠔汁等，經過多道工序，才製成鮮味無比的蠔油。

第11站
山巒秀麗的肇慶

　　肇慶是粵港澳大灣區內土地面積最大的城市。這裏有大片的秀麗山水，也有深厚的文化底蘊──宋朝跟肇慶的淵源不淺呢！小朋友，肇慶有許多待發展的空間。如果讓你在這裏選一片土地，你會用來做什麼呢？

肇慶在粵港澳大灣區什麼位置？

廣西省

清遠

肇慶

廣州

惠州

雲浮

佛山

東莞

深圳

中山

珠江口

香港

江門

珠海

澳門

肇慶位於粵港澳大灣區北部。只有東南與大灣區的佛山連接，東北與西南分別與廣東省清遠和雲浮相連，西北則是廣西省。

肇慶

簡稱：肇
別稱：端州

市花：

雞蛋花

荷花

土地面積：14,900 平方公里
人口：4,128,400 人　貨幣：人民幣

資料來源：廣東省情網發布
於 2024 年 3 月 13 日
之數字

封開有大量林地，松脂是當地的特產。

在杏花村裏的大屋山牆上，築有像炒菜鑊子般的鑊耳，名叫「鑊耳式山牆」，真有趣！

封開縣

從農曆五月初八起，一連十數日，德慶悅城龍母廟都會人頭湧湧，慶祝龍母誕。

德慶盤龍峽內有百多個大小瀑布，每到雨季，隆隆水聲不絕，是有名的旅遊景點！

德慶縣

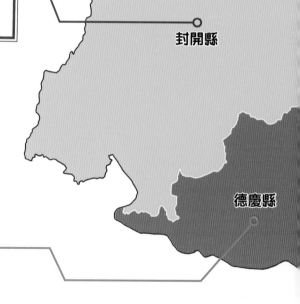

高要有不同礦產，包括黃金、硯石、用於製造陶瓷的高嶺土等，其中以黃金儲量最高，是「廣東黃金之鄉」！

端州是肇慶的舊名，因境內的端溪而得名。而肇慶的名字，原來是宋朝皇帝宋徽宗御賜的。在宋徽宗成為皇帝前，端州是他的封地，他覺得端州給他帶來了好運，所以賜給它「帶來吉慶的開始」這個吉祥的名字。

懷集縣

懷集的水資源豐富，建有多個水電站。

竹子種類多，獲譽為「竹子之鄉」。

四會沙糖桔爽甜多汁，是當地特產呢。

廣寧縣

從香港出發乘坐高鐵，大概90分鐘便可到達這裏的肇慶東站，出遊真方便！

有「天然大氧吧」之稱的鼎湖山就在這裏！

四會市

鼎湖區

肇慶市人民政府所在地。著名的七星岩風景區也在這裏！

端州區

高要區

建於 400 多年前明朝的崇禧塔，豎立於西江邊上，是端州地標之一！

鑲嵌在廣東的綠寶石

肇慶擁有粵港澳大灣區內面積最大的森林，還有西江、北江、綏江、賀江等河流流經這裏，形成多條水運航道，真是個山明水秀的好地方！

推動地質與生態旅遊

經濟

肇慶的星湖旅遊景區佔地甚廣，包括了著名的七星岩和鼎湖山兩大景區。遊客在這裏可以觀賞到奇特的自然地貌、文人墨客留下的許多石刻題字，還有各種動植物。下圖就是七星岩，因湖上有 7 座石灰岩山排列像天上的北斗星而得名，十分特別！

七星岩景區內設有生態保護區，遊客不但可以看到丹頂鶴、火烈鳥，還有多種候鳥。例如右圖的小白鷺就是這裏的住客。

除了欣賞岩山的外觀，還可以進入溶洞探秘！石灰岩經過地下水與地表水的不斷溶蝕，形成了溶洞，裏面有數之不盡、千奇百怪的鐘乳石，配上幻彩燈光，顯得瑰麗無比。

鼎湖山景區內的寶鼎園，有個青銅大鼎！

上圖是鼎湖山裏的瀑布。鼎湖山林木茂盛，負離子含量甚高，就像一個天然氧吧，空氣格外清新。它也是國家級自然保護區，獲生物學家譽為「物種寶庫」、「基因儲存庫」，多種多樣的動植物讓這裏生機盎然！

在寶鼎園內還有一個世界上最大的端硯「端溪龍皇硯」！

拓展千億產業

新能源汽車、先進裝備製造、節能環保（例如太陽能發電）等，都是肇慶規劃打造成為千億產業。肇慶土地空間充足，生產成本較低，並向投資者提供優惠政策，加上不斷完善的交通網絡，都有助肇慶的經濟加速發展。

不可不知的肇慶事

歷史名人

吳大猷
（1907 - 2000）

廣東高要人。「中國物理學之父」，畢生致力於教育和科研，獲得第一屆中國物理學會特殊貢獻獎。

趙善歡
（1914 - 1999）

廣東高要人。著名昆蟲學家，主要研究水稻害蟲綜合防治、有機合成殺蟲劑等。研究成果用於制訂防治害蟲措施並大面積推廣應用。

著名景點

肇慶古城牆

始建於近 1,000 年前的北宋。曾多次被毀壞、重修，現在基本保留了它在宋代的形制和位置。

黎槎村

又稱為「八卦村」。這條百年古村內，數百間房屋緊密排列，圍成圓形，巷道像迷宮一樣複雜，以防禦盜賊。

非物質文化遺產

肇慶裹蒸製作技藝

裹蒸糭是肇慶著名的特產，以本地的冬葉將糭子包裹，呈金字塔形，個頭大，餡料多，主要在春節時食用。

端硯製作技藝

採石是製作端硯的關鍵，雕刻工具也要因硯石的硬度和雕刻技巧製成。端硯以石質堅硬、潤滑細膩，發墨快又不易乾見稱，是中國四大名硯之一。下圖是刻有騰龍圖形的端硯。

我的願望清單

　　小朋友，粵港澳大灣區的建設，讓我們可以發掘更多的可能性，包括居住、升學、創業、就業等等。不過在規劃未來之前，大家可以先到前面介紹的各座城市暢遊一番，親身體驗它們的特色呢！請把你在每座城市想看什麼、做什麼的想法寫下來或畫下來，然後與家人一起商量，逐步實現吧！

佛山

肇慶

中山

江門

廣州

惠州

東莞

深圳

澳門

珠海

香港

鳴謝 以下照片獲下列機構及人士提供，謹此致謝。

© Dannischen| Dreamstime.com（封面、頁 39，廣東科學中心（上方圖））
© Dongfang Zhao| Dreamstime.com（封面、頁 48，深圳）
© Vyychan| Dreamstime.com（封面、頁 62，珠海長隆海洋王國）
© Beibaoke1| Dreamstime.com（封面、頁 66，舞獅）
© Zhonghui Bao| Dreamstime.com（封面、頁 90，華陽湖生態濕地公園）
© Mun Lok Chan| Dreamstime.com（封底、頁 28，賽車）
© Ongchangwei| Dreamstime.com（頁 2，玫瑰堂）
© Weikong Chang| Dreamstime.com（頁 8，合江樓）
© Orange0| Dreamstime.com（頁 12，廣州塔）
© Waihs| Dreamstime.com（頁 12，前海深港青年夢工場）
© Insjoy| Dreamstime.com（頁 12、26，大三巴）
© Noppakun| Dreamstime.com（頁 12，香港夜景）
© F11photo| Dreamstime.com（頁 14，維港兩岸）
© Mun Lok Chan| Dreamstime.com（頁 16，捕魚圖）
© Leung Cho Pan| Dreamstime.com（頁 16，大澳棚屋）
© Leung Cho Pan| Dreamstime.com（頁 17，獅子山）
© Roland Nagy| Dreamstime.com（頁 18，國際金融中心）
© Seaonweb| Dreamstime.com（頁 18，香港科學園）
© Seaonweb| Dreamstime.com（頁 19，戲曲中心）
© YI Law| Dreamstime.com（頁 19，M+）
© Pixelprofessional2019| Dreamstime.com（頁 19，香港藝術館）
© L T| Dreamstime.com（頁 20，港珠澳大橋）
© Seaonweb| Dreamstime.com（頁 21，啟德郵輪碼頭）
© Keechuan| Dreamstime.com（頁 22，奶茶）
© Chernetskaya| Dreamstime.com（頁 22，椰青）
© Viktorfischer| Dreamstime.com（頁 22，薄餅）
© Valentin M Armianu| Dreamstime.com（頁 22，壽司）
© Chan Sook Fen| Dreamstime.com（頁 22，盆菜）
© Kimji10| Dreamstime.com（頁 22，舞獅）
© Smileus| Dreamstime.com（頁 22，聖誕樹）
© Ping Yin Liu| Dreamstime.com（頁 23，維多利亞港）
© Chuensan Tam| Dreamstime.com（頁 23，大坑舞火龍）
© Ongchangwei| Dreamstime.com（頁 24，澳門議事亭前地）
© Pran Yadee| Dreamstime.com（頁 26，蓮花）
© Neil Lockhart| Dreamstime.com（頁 7、26，高卡車）
© Keng Po Leung| Dreamstime.com（頁 27，聖母雪地殿教堂和燈塔）
© Ixuskmitl| Dreamstime.com（頁 28，澳門旅遊塔）
© Ongchangwei| Dreamstime.com（頁 29，澳門議事亭前地）
© Withgod| Dreamstime.com（頁 29，威尼斯人酒店）
© Leung Cho Pan| Dreamstime.com（頁 30，澳門半島）
© Vyychan| Dreamstime.com（頁 30，澳門大學）
© Chon Kit Leong| Dreamstime.com（頁 31，聖安多尼堂）
© Jackmalipan| Dreamstime.com（頁 31，媽祖閣）
© Sergii Koval| Dreamstime.com（頁 32，葡國雞）
© Ppy2010ha| Dreamstime.com（頁 32，馬介休球）
© Witthayap| Dreamstime.com（頁 32，葡撻）
© Ilia Torlin| Dreamstime.com（頁 32，街道牌）
© Topdeq| Dreamstime.com（頁 32，葡萄牙瓷磚畫）
© Vyychan| Dreamstime.com（頁 33，石排灣濕地）
© Xishuiyuan| Dreamstime.com（頁 33，黑沙海灘）
© Ongchangwei| Dreamstime.com（頁 33，媽祖信俗）
© Ppy2010ha| Dreamstime.com（頁 33，土生葡人美食烹飪技藝）
© Baoyan2002| Dreamstime.com（頁 34，廣州夜景）
© Yali Shi| Dreamstime.com（頁 36，木棉花）
© Volodymyr Melnyk| Dreamstime.com（頁 36，滑雪）
© Hupeng| Dreamstime.com（頁 36，五羊石像）
© Jianhua Liang| Dreamstime.com（頁 36，西關大屋）
© Harydeng| Dreamstime.com（頁 37，廣州塔）
© Liumangtiger| Dreamstime.com（頁 39，廣東科學中心（下方圖））
© Steve Chum| Dreamstime.com（頁 41，粵海關）
© Sean Pavone| Dreamstime.com（頁 42，上下九步行街）
© Hupeng| Dreamstime.com（頁 42，廣州國際金融中心）
© Ppmaker2007| Dreamstime.com（頁 43，廣州海珠國家濕地公園）
© Liumangtiger| Dreamstime.com（頁 43，珠江）
© Ppy2010ha| Dreamstime.com（頁 43，廣府飲茶習俗）
© Ppmaker2007| Dreamstime.com（頁 44，深圳）
© Zz3701| Dreamstime.com（頁 46、56、76、104，簕杜鵑）
© Waihs| Dreamstime.com（頁 46，前海石）
© Pindiyath100| Dreamstime.com（頁 46，世界之窗）
© Pingan Yang| Dreamstime.com（頁 48，深圳國際貿易中心）
© Jasonguo1989| Dreamstime.com（頁 49，深圳寶安國際機場）
© Weikong Chang| Dreamstime.com（頁 7、49，羅湖口岸）
© Waihs| Dreamstime.com（頁 49，深圳前海蛇口片區）
© Vyychan| Dreamstime.com（頁 50，鐘樓館）
© Waihs| Dreamstime.com（頁 51，海上世界）
© Waihs| Dreamstime.com（頁 51，深圳人才公園）
© Waihs| Dreamstime.com（頁 52，大芬油畫村）
© Xing Wang| Dreamstime.com（頁 52，南頭古城）
© Tokoshi| Dreamstime.com（頁 52，深圳）
© Jingaiping| Dreamstime.com（頁 52，羽翼人）
© Dashark| Dreamstime.com（頁 53，黑臉琵鷺）
© Qt5655| Dreamstime.com（頁 53，深圳國家地質公園）
© Alexwong361| Dreamstime.com（頁 53，賽龍舟）
© Vyychan| Dreamstime.com（頁 53，葵涌客家茶果製作技藝）
© 張益博| Dreamstime.com（頁 54，珠海）
© Etherled| Dreamstime.com（頁 56，斗門古街）
© Zz3701| Dreamstime.com（頁 7、57，珠海漁女）
© Huating| Dreamstime.com（頁 57，珠海金灣機場）
© Vyychan| Dreamstime.com（頁 58，板樟山山地步道）
© Vyychan| Dreamstime.com（頁 58，橫琴濕地公園）
© 1571054889| Dreamstime.com（頁 58，珠海大劇院）
© Leung Cho Pan| Dreamstime.com（頁 59，港珠澳大橋）
© Pa2011| Dreamstime.com（頁 59，情侶路）
© Waihs| Dreamstime.com（頁 60，橫琴口岸）
© Dongfang Zhao| Dreamstime.com（頁 60，珠海）
© Vyychan| Dreamstime.com（頁 61，橫琴夜景）
© Maska82| Dreamstime.com（頁 62，研究員）
© Vyychan| Dreamstime.com（頁 63，珠海板樟山森林公園）
© Yongsky| Dreamstime.com（頁 63，東澳島）
© Nopppharat| Dreamstime.com（頁 66、84，白蘭花）
© Beibaoke1| Dreamstime.com（頁 67，黃飛鴻雕像）
© Beibaoke1| Dreamstime.com（頁 69，陶瓷公仔）
© Beibaoke1| Dreamstime.com（頁 69，佛山祖廟）
© Tsangming Chang| Dreamstime.com（頁 72，南風古灶）

© Donkeyru| Dreamstime.com（頁 72，梁園）
© Donkeyru| Dreamstime.com（頁 72，石灣陶瓷）
© Ppmaker2007| Dreamstime.com（頁 73，西樵山）
© Laomacz| Dreamstime.com（頁 73，佛山木版年畫）
© Beibaoke1| Dreamstime.com（頁 73，獅舞）
© Monkeyparty | Dreamstime.com（頁 80，和諧號）
© Weikong Chang| Dreamstime.com（頁 81，合江樓）
© Joan Van Der Wereld| Dreamstime.com（頁 84，林則徐雕像）
© Suronin| Dreamstime.com（頁 85，可園）
© Antonio Guillem| Dreamstime.com（頁 85，手機）
© Liumangtiger| Dreamstime.com（頁 86，華為小鎮）
© Wirestock| Dreamstime.com（頁 87，虎門大橋）
© Zhonghui Bao| Dreamstime.com（頁 88，華陽湖生態濕地公園）
© Huixian Chen| Dreamstime.com（頁 89，銷煙池）
© Lzf| Dreamstime.com（頁 89，威遠炮台）
© Xing Wang| Dreamstime.com（頁 90，南社明清古村落）
© Joan Van Der Wereld| Dreamstime.com（頁 91，廣東觀音山國家森林公園）
© Liusol| Dreamstime.com（頁 94，菊花）
© Huating| Dreamstime.com（頁 94，孫文西路步行街）
© Pa2011| Dreamstime.com（頁 95，翠亨邨）
© Pa2011| Dreamstime.com（頁 96，天下為公）
© Beibaoke1| Dreamstime.com（頁 96，孫中山雕像）
© Lilizhoufox| Dreamstime.com（頁 97，圈椅）
© Pa2011| Dreamstime.com（頁 100，孫中山故居紀念館）
© Jianhua Liang| Dreamstime.com（頁 102、104，江門）
© Leung Cho Pan| Dreamstime.com（頁 105，陳皮）
© Jianhua Liang| Dreamstime.com（頁 106，碉樓）
© Shanshan533| Dreamstime.com（頁 107，宣紙）
© Waihs| Dreamstime.com（頁 107，梁啟超故居紀念館）
© Floydian| Dreamstime.com（頁 109，長堤歷史文化街區）
© Manwordzhang2| Dreamstime.com（頁 9、109，新會學宮）
© Penchan Pumila| Dreamstime.com（頁 109，蠔油）
© Olindana| Dreamstime.com（頁 109，柑普茶）
© Sergey Fomin| Dreamstime.com（頁 110，七星岩）
© Videowokart| Dreamstime.com（頁 112，雞蛋花）
© Kennyxli| Dreamstime.com（頁 112，荷花）
© Tsangming Chang| Dreamstime.com（頁 112，鑊耳式山牆）
© Chon Kit Leong| Dreamstime.com（頁 113，鼎湖山）
© Tsangming Chang| Dreamstime.com（頁 113，崇禧塔）
© Sergey Fomin| Dreamstime.com（頁 114，七星岩）
© Wirestock| Dreamstime.com（頁 115，小白鷺）
© Chon Kit Leong| Dreamstime.com（頁 115，七星岩溶洞）
© Shaohui Liu| Dreamstime.com（頁 116，鼎湖山瀑布）
© Chon Kit Leong| Dreamstime.com（頁 116，大鼎）
© Chon Kit Leong| Dreamstime.com（頁 116，端溪龍皇硯）
© Chon Kit Leong| Dreamstime.com（頁 117，肇慶古城牆）
© Chon Kit Leong| Dreamstime.com（頁 117，黎槎村）
Shutterstock.com/tmlau（封面，港珠澳大橋）
Shutterstock.com/kashidi（封面，高鐵）
Shutterstock.com/Lucky Water（封面、頁 20，香港國際機場）
Shutterstock.com/yufu2046（頁 38，南沙）
Shutterstock.com/Weiming Xie（頁 64，佛山）
Shutterstock.com/4045（頁 9、66，鑊耳屋）
Shutterstock.com/Weiming Xie（頁 70，佛山世紀蓮體育中心及坊塔）
Shutterstock.com/Weiming Xie（頁 74，惠州）
Shutterstock.com/Weiming Xie（頁 76，惠城區）
Shutterstock.com/QinJin（頁 78，惠州西湖）
Shutterstock.com/Weiming Xie（頁 79，高榜山）
Shutterstock.com/HelloRF Zcool（頁 79，雙月灣）
Shutterstock.com/valkoinen（頁 80，襪子）
Shutterstock.com/Karkas（頁 80，衣服）
Shutterstock.com/Weiming Xie（頁 82，東莞）
Shutterstock.com/Weiming Xie（頁 88，東莞中心廣場）
Shutterstock.com/Weiming Xie（頁 92，中山）
Shutterstock.com/ppart（頁 97，雪櫃）
Shutterstock.com/NYS（頁 97，衣服）
Shutterstock.com/Weiming Xie（頁 98，岐江）
Shutterstock.com/Weiming Xie（頁 100，中山幻彩摩天輪）
Shutterstock.com/ Weiming Xie（頁 101，埠峯文塔）
Shutterstock.com/ xiaoxiao9119（頁 101，紅燒乳鴿）
Shutterstock.com/plavi011（頁 108，列車製造和維修間）
Image by Amandad from Pixabay（頁 16，洋紫荊）
Image by falco from Pixabay（頁 31，澳門議事亭前地）
Image by HeungSoon from Pixabay（頁 47，游泳）
Image by Ferdinand from Pixabay（頁 47，大亞灣）
Image by Rosanguis from Pixabay（頁 77，羅浮山）
Image by stokpic from Pixabay（頁 77，海龜）
Image by Andrey_and_Olesya from Pixabay（頁 80，口罩）
Image by LUM3N from Pixabay（頁 80，鍵盤）
Image by StockSnap from Pixabay（頁 87，電子產品）
Image by Joe Kniesek from Pixabay（頁 87，玩具鴨）
Image by moerschy from Pixabay（頁 87，電子產品）
Image by taoonex from Pixabay（頁 89，投籃）
Image by jacqueline macou from Pixabay（頁 94，動物泳圈）
Image by PIRO from Pixabay（頁 97，五金）
Image by Gaurav from Pixabay（頁 100，菊花）
Image by Tania Van den Berghen from Pixabay（頁 104，排球）
Image by Haytham Marzouk from Pixabay（頁 105，皮鞋）
Image by andreas160578 from Pixabay（頁 116，太陽能板）
Yukakei，CC BY-SA 4.0，維基百科（頁 18，香港數碼港）
N509FZ，CC BY-SA 4.0，維基百科（頁 20，高鐵）
Tim Wu，CC BY-SA 4.0，維基百科（頁 40，廣州白雲站）
Tim Wu，CC BY-SA 4.0，維基百科（頁 40，番禺廣場站 18 號線）
N509FZ，CC BY-SA 4.0，維基百科（頁 41，瑞士雞翼）
David290，CC BY-SA 4.0，維基百科（頁 42，北京兒）
Chintunglee，CC BY-SA 4.0，維基百科（頁 47，中英地界第一號界碑）
Charlie fong，CC BY-SA 4.0，維基百科（頁 51，平安金融中心）
N509FZ，CC BY-SA 4.0，維基百科（頁 67，陳村粉）
石辰，CC BY-SA 4.0，維基百科（頁 81，龍賽灣）
Limingqimonkey，CC BY-SA 3.0，維基百科（頁 105，東華大橋）
LUFC，CC BY-SA 3.0，維基百科（頁 112，盤龍峽）
潘月華小姐（頁 19，香港大學）
Vikky 小姐（頁 117，肇慶裹蒸糉）
黃靈雨老師（頁 117，端硯）